Essai d'épistémologie comparative chez Imré Lakatos

Ouverture philosophique

Collection dirigée par
Dominique Chateau, Jean-Marc Lachaud et Bruno Péquignot

Une collection d'ouvrages qui se propose d'accueillir des travaux originaux sans exclusive d'écoles ou de thématiques.

Il s'agit de favoriser la confrontation de recherches et des réflexions, qu'elles soient le fait de philosophes « professionnels » ou non. On n'y confondra donc pas la philosophie avec une discipline académique ; elle est réputée être le fait de tous ceux qu'habite la passion de penser, qu'ils soient professeurs de philosophie, spécialistes des sciences humaines, sociales ou naturelles, ou... polisseurs de verres de lunettes astronomiques.

Dernières parutions

Alberto DA SILVA, Florence DRAVET, Gabriela DE FREITAS, Gustavo DE CASTRO (dir.), *L'imaginaire de la catastrophe dans la communication et les arts*, 2018.

Dominique PAUL, *Entre chair et lumière. De la possibilité d'une distance critique par l'objet-image*, 2018.

Charles MAURICE, *La Société émancipatrice*, 2018.

Élie VOLF et Michel HENRY, *Rationalité en philosophie des sciences*, 2018.

Sylvie LOPEZ-JACOB et Éric DELASSUS (dir.), *Ce que peut un corps,* 2018.

Hichem GHORBEL, *Le monde chez Diderot, Connaissance, interprétation et signification*, 2018.

Pascal GAUDET, *Kant, Une sagesse pour notre temps*, 2018.

Auguste NSONSISSA, *Refaire le(s) monde(s) ?*, 2018.

Gisèle GRAMMARE, *Arts et artistes à vol d'oiseaux, Carnets*, 2018.

Ivan NEYKOV, *Être et Bien, Le Bien en tant que le sens de l'Être*, 2018.

Blanchard MAKANGA, *Philosophie, éthique et droits de l'existant, Une analyse écosophique des sociétés contemporaine,* 2018.

Fabrice MOUSSIESSI

Essai d'épistémologie comparative chez Imré Lakatos

Pour une nouvelle interprétation de la rationalité scientifique

Préface du Pr. Marcel Nguimbi

L'Harmattan

5-7, rue de l'Ecole-Polytechnique, 75005 Paris

www.editions-harmattan.fr

ISBN : 978-2-343-15521-0
EAN : 9782343155210

Si faire la philosophie, c'est aussi dire le non-dit du dire de l'humanité, alors tous ceux qui veulent dire le vrai qu'ils sachent le dire et fassent méthodologiquement attention. Car, dire le *vrai*, c'est dire de ce qui *est* qu'il *est* et de ce qui *n'est pas* qu'il *n'est pas*, nous enseigne Aristote.

Que les Maîtres **Shahid Rahman**, **Charles Zacharie Bowao**, **Marcel Nguimbi** et **Auguste Nsonsissa** trouvent ici l'expression de ma profonde gratitude.

Remerciements

Je suis reconnaissant envers Marcel Nguimbi, pour son encadrement ; Guy M. Ngamouyi, Wilfrid Nzaba, Miser Ondzé Yandza, Thibaut U. Othéonéné et Bichard Ahmat pour leurs encouragements. Le professeur Marcel Nguimbi m'a effectivement appris à épistémo-logiser rationnellement.

Fabrice Moussiessi

Idoubi (Mayéyé), le 06 septembre 2018

Préface

L'*Essai d'épistémologie comparative chez Imré Lakatos* est un titre qui paraît théoriquement précis et se problématise autour de la question de la construction de la rationalité scientifique. En effet, il met en discussion les différentes logiques de la découverte et/ou reconstructions rationnelles à partir de la méthodologie des programmes de recherche considérée comme une nouvelle interprétation de la rationalité scientifique. Le titre de l'ouvrage de Fabrice Moussiessi est, à cet effet, épistémologiquement révélateur, car il s'engage à présenter sous un angle épistémo-logique et méthodo-logique les principaux problèmes qui mettent en discussion les tenants de la philosophie des sciences et les divisent en deux blocs : le premier bloc compte tous ceux qui soutiennent l'épistémologie de l'interprétation comme moyen pour justifier les théories scientifiques, à l'instar de Karl Popper, Rudolph Carnap, Imré Lakatos, etc., et le deuxième bloc regroupe tous ceux qui optent pour une épistémologie de la découverte comme possibilité pour témoigner l'originalité de l'invention et de la découverte en science, telles sont des thèses développées par G. Polanyi et Thomas Kuhn. Ce contraste épistémo-logique s'explique aussi par le fait que la philosophie contemporaine des sciences présente plusieurs problèmes dont la rationalité des théories reste la plus en vue à cause de ses implications qui sont de l'ordre rationnel, logique et expérimental. A quel moment, ou bien, à partir de quoi une théorie est-elle rationnelle ? La réponse à cette interrogation amène Moussiessi à évoquer la question épistémo-logique de la démarcation entre science et pseudoscience. Une telle posture atteste la volonté de chaque école de pensée de mettre en place un critère de démarcation, d'où les hommes de science se dispersent.

Les thèses de l'épistémologie de l'interprétation peuvent en témoigner, comme le montre Fabrice Moussiessi, qu'il s'agit bien d'apprécier les résultats scientifiques, de s'interroger sur la genèse du savoir, sa nature et sa portée. Dans ce sens, la méthodologie de la science est solide, rationnelle, rigoureuse et obéit aux règles logiques. C'est le cas par exemple de Karl Popper qui a toujours recouru à la théorie de l'argumentation pour justifier le contexte qu'il donne à la science. En effet, la vérité n'étant pas une possession humaine plutôt qu'une intention de l'homme, Popper envisage implémenter le côté dynamique de l'argumentation des théories en vue de prouver logiquement si la théorie tient ou ne tient pas. Il pense que la quasi-totalité de nos pensées est soluble dans le langage, dans l'argumentation comme produit objectif de l'esprit humain, s'ouvrant à un monde des relations logiques, c'est-à-dire le monde des situations problèmes qui serait résolu en tant qu'expression de la falsifiabilité, principe du progrès scientifique ou condition d'évaluations des contenus objectifs.

Le Cercle de Vienne procède tout de même par la mise en place d'un critère de la rationalité. Pour ainsi dire que la vérifiabilité est l'étape finale de la science, elle se conçoit comme la valeur ou le critère de la vérité à partir duquel on peut dire le vrai. Le contexte épistémo-logique que présente le Cercle est typiquement renvoyé à la vérification ou justification des théories. Ces postures trouvent d'ailleurs leurs ressemblances dans le *Tractatus logico-philosophicus*, où Wittgenstein stipule que la rationalité scientifique est l'implémentation d'énoncés vrais ou justifiés. Les seuls énoncés vrais sont ceux qui sont bien formés ou bien construits, encore mieux bien justifiés, bien argumentés.

Mais, Fabrice Moussiessi ne peut pas ne pas montrer l'équivalence de cette pensée et laisser le lecteur perplexe si jamais il ne possède l'intelligence de présenter les antagonismes de cette avalanche méthodologique. En fait, l'épistémologie de la découverte, telle que l'auteur la présente dans cet ouvrage, est une négation de la philosophie de l'interprétation. Elle ne reconnaît pas les règles logiques et rationnelles comme pouvant diriger la science qui, de toute évidence, serait d'ailleurs la science normale. Ainsi, Fabrice Moussiessi estime que dans ce type de procédure kuhnienne les voies de la recherche sont personnelles et renvoient à l'universalité, car l'esprit humain a des capacités insondables pour découvrir et inventer. Il est évident que l'auteur loge la procédure de cette épistémologie de la découverte dans la pratique de la science qui ne se dit pas explicitement. Une telle connaissance implicite est l'expression d'une connaissance tacite issue de la conception de Polanyi. Ce qui est indispensable dans une telle démarche, ce n'est ni la logique ni la rationalité, mais plutôt les croyances auxquelles les scientifiques adhèrent. Les croyances ne peuvent être analysées et font partie de la dimension tacite.

Selon Moussiessi, Lakatos pose alors le problème comme défi. Ainsi, le défi de la démarcation devient l'élément qui engage la procédure de la reconstruction rationnelle à partir de la méthodologie des programmes de recherche scientifique, c'est-à-dire ces programmes sont considérés en tant que renouvellement de la rationalité scientifique et récapitulent les axes programmatiques qui ont organisé ce débat, notamment l'axe de la rationalité qui s'entrecroise avec l'acceptation de la base empirique comme élément fondamental permettant de déduire la valeur ou la non-valeur de la science et l'axe des théories en parallèle avec l'expérience cruciale se complexifie de plus en plus dans la décision de falsification. Ces deux axes se complètent et posent le problème de la rationalité ; car, Lakatos pense que reconsidérer la base empirique et soutenir qu'il y a une expérience cruciale ne règle pas le problème. D'ailleurs, Fabrice Moussiessi admet que chez Lakatos de telles postures ne font pas le bonheur de la science. La base empirique ne saurait être la référence de l'évaluation des théories et, penser à l'expérience cruciale est une utopie. C'est ainsi que Lakatos va rebuter les tendances empiristes du Cercle de Vienne et la procédure du développement scientifique à partir de la science normale de Kuhn. C'est ici qu'on parvient au centre du foyer ardent de la pensée de Moussiessi, lorsqu'il procède par la falsification du falsificationnisme poppérien. L'auteur s'est-il tant et si bien approprié ce questionnement épistémologique ? C'est de cela qu'il s'agit bien donc ! La réflexion philosophique de l'auteur prétexte l'essai d'épistémologie des programmes de recherche pour appréhender problématiquement – et problématologiquement – la synthèse méthodo-logique des programmes de recherche scientifiques et des différentes reconstructions rationnelles ou logiques de la découverte.

Ce que développe Fabrice Moussiessi, ce n'est donc pas la procédure falsificationniste méthodologique qui consiste à évaluer les théories de façon isolée, mais plutôt le sens interactionnel des contenus des séries des théories ou des programmes de recherche scientifiques. Autrement dit, le pluralisme méthodologique pour lequel Lakatos plaide, rend effectif le progrès des théories et disqualifie le verdict de la nature au profit de la lutte des théories. Le système mono-théorique trouve cependant ses limites et le *''Non''* qui émane de la nature devient secondaire. De cette posture, Moussiessi montre que Lakatos développe l'hypothèse de la procédure d'appel qui permet au théoricien de rappeler l'expérimentateur à retravailler sur les faits, s'il n'en est pas convaincu de son verdict. L'obligation se fait ressentir de la part de l'expérimentateur qui doit nécessairement reprendre ses expériences. La confrontation du théoricien et de l'expérimentateur est aussi le symbole de l'objectivité ou de la rationalité des théories conduisant à l'exigence méthodologique d'un méta-critère chez Lakatos, telle que la non précipitation du principe de falsification envisage une méthodologie du deuxième ordre encore appelée méthodologie des programmes de recherche auto-appliquée, selon Moussiessi.

Il est important de souligner que Moussiessi ne reste pas pour autant enfermé dans la pensée de Lakatos. Il développe une conception qui parait enrichir sa conception dans la mesure où il rend compte des faiblesses de la démarche de Lakatos. La posture que Moussiessi a prise est tout à fait évidente, elle marque justement l'empreinte digitale d'un jeune chercheur qui se démarque des influences de certains penseurs et ouvre le débat à partir des nouvelles interrogations. Il confirme le fait que la philosophie demeure la quête passionnée de la vérité, l'attitude dogmatique est complètement aplatie, effacée au profit de l'activité critique et systématique. Cela veut dire que lorsqu'on se rend compte de l'illustration critique que Moussiessi fait des programmes de recherche scientifiques, sa pensée laisse entendre que la structure des programmes est à la fois dynamique et complexe du fait qu'ils possèdent systématiquement des voies heuristiques comme réduction et fermeture de la science d'une part, et d'autre part comme ouverture et amplification méthodo-logique. A ce niveau, les programmes de recherche de Lakatos présentent un nouveau tableau d'éléments scientifiques et non scientifiques. Car, l'acceptation et l'in-falsification du noyau dur posent le problème de régression scientifique, et une telle attitude ne fait pas bon accueil chez Lakatos. Ainsi se trouve enraciné le dogme lakatossien de la conservation méthodologique du noyau dur, présentant d'ailleurs des caractéristiques abstraites ou métaphysiques ; et par conséquent, le noyau dur et l'heuristique négative constituent à la fois une réduction et une fermeture méthodologique. Quant au glacis protecteur et l'heuristique positive, la procédure est celle qui conduit à l'ouverture et à l'amplification de la recherche scientifique.

La pensée de Fabrice Moussiessi est allée jusqu'à la compréhension historiographique des programmes de recherche scientifiques, là où Lakatos paraphrase Kant quand il fait la synthèse de l'empirisme et du rationalisme (E. Kant 1976, p. 111.). Lakatos donne aussi une formule semblable et intéressante quand il suggère que la philosophie des sciences sans l'histoire des sciences est vide et l'histoire des sciences sans la philosophie des sciences est aveugle. L'idée qui ressort de cette thèse est l'implémentation des aspects historiques florissants et stériles de la science. L'histoire des sciences devient le lieu où la connaissance est emmagasinée, l'espace de réflexion, la source des documentations ou d'informations nécessaires pour la recherche. La philosophie des sciences, quant à elle, réfléchit sur les données de l'histoire. Moussiessi estime même que, la complémentarité entre les deux est tout à fait claire chez Lakatos.

J'encourage donc Fabrice Moussiessi et le salue avec honneur. Ce regard supplémentaire qui vient d'implémenter cet *Essai d'épistémologie comparative chez Imre Lakatos* est une réflexion philosophique sans fin. Il garde avec enthousiasme la tradition philosophique de l'Ecole de philosophie de l'Université Marien Ngouabi dont moi-même fus pionnier et, d'ailleurs, suis le premier Docteur en philosophie. Moussiessi, qui est donc un avenir pour l'Ecole épistémologique de Brazzaville, est, en ce qui le concerne, le premier de mes Docteurs libérés.

Professeur Marcel Nguimbi

Dakar (Sénégal), décembre 2017.

Introduction

La quête de la rationalité semble être le point focal de tous les hommes de science qui s'intéressent à la découverte et à l'invention. Elle engendre, du point de vue procédural, des méthodologies assez avancées selon la direction ou la trajectoire que prend un chercheur. Dans ce sens, l'histoire et la philosophie des sciences regorgent plusieurs paramètres en fonction desquels il est possible d'exprimer le contenu des problèmes que peut poser l'épistémologie des sciences. Les informations que dévoilent ces problèmes révèlent aussi plusieurs controverses, parmi lesquelles le contexte de justification et le contexte de découverte. Ces deux contextes suscitent diverses interprétations tant épistémiques qu'agnostiques.

Dans la première, c'est-à-dire la démonstration épistémique, les postures méthodo-logiques développent le contexte de justification en science, c'est-à-dire un type de méthodologie qui revendique la démarche rationnelle et logique en science. Plusieurs penseurs soutiennent ce point de vue, notamment Karl R. Popper, R. Carnap, M. Schlick, Imré Lakatos et bien d'autres. A ce niveau, les règles du jeu se réduisent à la mise en place d'un critère de démarcation entre ce qui est scientifique et ce qui ne l'est pas pour bien fonder les véritables méthodes de rationalité, permettant de déceler les mystères cachés de la nature. L'objectif ici c'est d'atteindre la rationalité, bien qu'elle ne soit qu'un idéal ou une trajectoire pour les uns et un objet pour les autres. Pour réussir un tel projet, il faut donc mettre en place une version scientifique plus ou moins sophistiquée pour se démarquer des autres formes de pensée et les distinguer d'avec la science au sens rigoureux du terme ; d'où l'exigence de la rigueur scientifique.

Dans la seconde, c'est-à-dire l'interprétation agnostique, on reconnaît la thèse remarquable des sceptiques qui n'ont jamais cru à la certitude, à la vérité et pensent tout de même que la science n'est faite que d'utopies sans enjeux méthodologiques. Ici, la règle du jeu en science consiste à ne pas croire que l'Univers est connaissable. Il faut plutôt croire et prêcher *''l'inconnaissabilité''* des secrets de l'Univers et l'impossibilité méthodologique de posséder une vision nette du progrès scientifique. Au-delà des sceptiques, nous rappelons aussi la thèse mettant en lumière des points de vue des célèbres hommes de science tels que Polanyi et Thomas S. Kuhn qui pensent à leur tour qu'il n'y a que de croyances en science. Avec eux, la thèse qui triomphe est celle qui consiste à penser que la rationalité scientifique n'est pas réductible à une méthode, à un mode de relation logique ou à un critère quelconque de la vérité et, le progrès est psychologique. Ainsi dans la même visée, nous signalons en passant que même Paul K. Feyerabend ne partage pas cette posture. Il critique tour à tour dans *Une connaissance sans fondements*[1] ainsi que dans *Contre la méthode*[2], les tendances classiques qui gouvernent l'espace scientifique et prétendent l'unicité de la méthode pour toute la science.

La tradition philosophique dans laquelle Lakatos a forgé son magnétisme intellectuel et dont il a hérité l'esprit critique, lui donne les armes pour combattre la conception agnostique de la science et les différentes logiques de la découverte ou programmes de recherche scientifiques. Dans son parcourt, Lakatos a limé sa cervelle contre celle des grands hommes à travers leurs ouvrages tels que David Hume, Emmanuel Kant, Friedrich Hegel, Karl Marx, George

---

[1] Paul K. FEYERABEND, *Une connaissance sans fondements*, traduction Française par Emmanuel Malolo DISSAKE, Dianoia, Janvier 1999.

[2] Paul K. FEYERABEND, *Contre la méthode. Esquisse d'une théorie anarchiste de la connaissance,* traduit de l'anglais par Baudouin Jurdant et Agnès Schumberger, Paris, Seuil, 1979.

Pólya, Karl R. Popper, Jan Brouwer, Heyting et autres. Pour preuve, dans *Histoire et méthodologie des sciences* Lakatos explique dans un passage son brillant parcourt philosophico-intellectuel avec des hommes de science dont il a eu le privilège de connaître et avec lesquels il a discuté de certains problèmes relatifs à la théorie de la connaissance, notamment les débats centrés sur la rationalité, la démarcation et la croissance des connaissances mathématiques. Cependant, les idées de Popper, dit-il, lui ont donné un nouveau regard sur la philosophie et la science, et lui ont permis de rompre définitivement, même si cela mérite d'être discuté, avec la conception hégélienne et/ou l'idéalisme allemand. Ainsi, Lakatos montre comment il a parcouru l'histoire de la pensée philosophique en ces termes :

> Les idées de Popper constituent le développement le plus important dans la philosophie du XXème siècle, un accomplissement dans la tradition et au niveau de Hume, Kant ou Whewell. Personnellement, ma dette à son égard est incommensurable ; plus que tout autre, il a changé ma vie (…). Sa philosophie m'a aidé à rompre définitivement avec le point de vue hégélien que j'avais soutenu pendant près de vingt ans. Chose plus importante encore, je lui dois vraiment une gamme très féconde de problèmes avec un véritable programme de recherche[3].

La gamme très féconde de problèmes couplée d'un véritable programme de recherche que Lakatos doit à Popper est la conséquence logique qui découle de la compréhension qu'il aurait eue de la logique de l'investigation scientifique. Popper aurait jeté les prémisses d'un programme de

---

[3]Imre LAKATOS, *Histoire et méthodologie des sciences. Programmes de recherche et reconstruction rationnelle,* traduction de l'anglais pour Catherine Malamoud et Jean fabien Spitz sous la direction de Luce Giard, Paris, PUF, 1994, p. VIII.

recherche métaphysique[4] au cœur de la méthodologie déductive qui traduirait en quelque sorte l'attestation scientifique de certaines théories et le manque de qualité scientifique des autres. En s'appuyant sur cette rigueur déductive et extra scientifique, Lakatos arrive à une déduction Trans-méthodo-logique, c'est-à-dire une déduction qui ne se limite pas au style monothéorique, au verdict de l'expérimentateur, à la réductibilité de la validité des théories à la base empirique, etc., mais s'ouvre plutôt à l'anticipation méthodologique, à l'implémentation de l'amplification des aspects sémantiques ou bien à la translation sémantique des concepts, etc. Cette avalanche méthodo-logique produit manifestement un écart de perspective entre Lakatos et Popper. Mais, l'attachement à Popper n'a pas toujours réussi, parce que lorsqu'il s'agit de maintenir le sens sémantique du falsificationnisme, Lakatos navigue à contre-courant de son Maître Popper. La tendance est que la posture lakatossienne sort du sens réaliste du falsificationnisme pour une nouvelle altération sémantique. Il faut peut-être reconnaître l'unique fait qui les unit, c'est notamment le fait que les deux reconnaissent le fonctionnement scientifique comme obéissant toujours à une rigueur logique et rationnelle. Il est donc impérieux de retracer quelques éléments de cette thèse dans notre développement pour essayer d'appréhender les causes qui alimentent le débat Lakatos-Popper et les conséquences qui en découlent du point de vue de la méthodologie falsificationniste.

Mais, le problème qui déclenche les hostilités entre ses épistémologues, est bien celui de la démarcation entre ce qui est scientifique et ce qui ne l'est pas. Cela requiert à chaque doctrine logique l'intelligence de bâtir un critère scientifique

---

[4] Karl R. POPPER, *La Logique de la Découverte Scientifique*, traduit de l'anglais par Nicolle Thyssen- Rutten et Philippe Devaux, Préface de Jacques Monod, Paris, Payot, 1973.

qui s'imposerait comme signe distinctif pour localiser et reconnaître les théories scientifiques d'un côté et, de l'autre celles qui ne le sont pas. A cela s'ajoute le problème de la base empirique comme falsificateur potentiel des théories. Démarquer les théories scientifiques de celles qui ne le sont pas, consiste à montrer, à partir de la rigueur scientifique, le niveau de séparation entre ces théories dont certaines sont de nature scientifiques et d'autres de nature peut être mythique, religieuses, eschatologiques, etc. Aussi de cette démarcation découle, la posture révélant que la scientificité d'une théorie dépend de la possibilité qu'elle donne d'être vérifiée, prouvée, justifiée, falsifiée ou tout au moins rejetée. A cet effet, l'empirisme logique, le justificationnisme, le conventionnalisme, le probabilisme, le falsificationnisme et autres formes de logiques de la découverte ont chacun émis un critère. Cependant, certains posent ce critère en termes de vérité et d'autres comme un progrès scientifique. De cette posture méthodologique, les critériologues se réfèrent aussi au rôle de l'expérience cruciale pour la validation des théories scientifiques. Les critériologues estiment que l'expérience ou encore l'observation constitue le point culminant pour évaluer le contenu informatif d'une théorie. Il y aurait donc à cet effet une expérience cruciale qui évaluerait ou vérifierait toutes les théories scientifiques sans exemption méthodologique.

Cela suscite un contraste d'idées au cœur de l'épistémologie de la justification, car tous voudraient bien que le critère de démarcation soit l'expression de leur gouvernance méthodologique. Pour les empiristes logiques par exemple, on ne peut affirmer la véracité d'une proposition que lorsqu'elle est en accord avec plusieurs occurrences avec ce qu'on appelle vérificateur[5]. L'exigence d'une telle déclaration renvoie le sens de la scientificité des théories à la nécessité d'une correspondance, c'est-à-dire la

---

[5] Bertrand RUSSELL, *Signification et vérité*, Paris, Flammarion, 1969.

proposition ne peut être significative ou scientifiquement vraie que lorsqu'elle tient absolument à une correspondance, c'est-à-dire en adéquation avec la réalité sensible. Ainsi, pour obtenir les amples informations sur l'Univers, il est indispensable que les partisans du Cercle de Vienne acceptent certains types d'énoncés synthétiques qui n'ont pas pour valeur de détermination l'analyse formelle plutôt que la vérification des énoncés avec l'expérience sensible comme indice référentiel. Seuls de tels énoncés synthétiques à proprement parlé peuvent être considérés comme doués de signification. Pierre Jacob nous montre par exemple comment le débat scientifique est parti de Cambridge à Vienne pour de Vienne à Cambridge en ces termes

> L'aventure commença avec le quatuor anglo-américain, William James, John Dewey, Bertrand Russell, George Edouard Moore (...). C'est à Cambridge (Angleterre), plus précisément à Trinity collège, que se noue la collaboration entre Russell et Moore (...). En 1912, Ludwig Wittgenstein quitte vienne pour Cambridge, où il vient étudier sur les conseils de Frege les fondements des mathématiques avec Russell (...). La première partie du périple nous amène donc de Cambridge à vienne[6].

L'évolution de la pensée empiriste se trouve enracinée dans la doctrine anglo-américaine où l'identité scientifique se résume à la philosophie analytique et dont la pragmatique en est le paradigme par excellence. Dans la même perspective, Pierre Jacob se pose la question suivante : comment peut-on ne pas être empiriste ? Pour répondre à cette question, Pierre Jacob nous montre comment le positivisme et l'empirisme se sont développés au cours des années. Ce qu'il y a de plus intéressant, c'est le fait qu'étant matérialiste, les deux courants de pensée prônent le rejet radical de la philosophie et de la métaphysique. Pierre Jacob explique comment

[6] Pierre JACOB, *De vienne à Cambridge, l'héritage du positivisme logique de 1950 à nos jours*, Paris, Gallimard, 1980, pp. 10-11.

George Edouard Moore décide de récuser la philosophie hégélienne sous prétexte qu'elle était inapplicable aux choses matérielles, et à Russell d'ajouter qu'elle était incompatible avec les mathématiques ; dès lors, autour de 1910 et 1913, Russell et Whitehead mettent en œuvre la toute première édition des *Principia Mathematica* qu'ils considéraient comme la *Bible* de la logique moderne. Cela s'assimile bien avec la montée en puissance du Cercle de Vienne qui d'ailleurs a commencé autour du philosophe Moritz Schlick. Il regroupait des auteurs tels que Hans Hahn, Kurt Gödel, Karl Menger, le physicien Philipp Franck, le sociologue Otto Neurath, les philosophes Rudolf Carnap et Victor Kraft, et les étudiants en philosophie tels que Friedrich Waismann et Herbert Feigl. Cet essor emblématique de l'empirisme logique a été à l'origine de plusieurs bouleversements scientifiques du point de vue de la méthodologie. Son influence était tellement considérable que Lakatos[7]arrivait à constater la perte de l'efficacité de la philosophie des mathématiques face au progrès puissant de la métamathématique qui n'est autre que, selon le positivisme logique, la syntaxe de la logique du langage.

Mais, le contraste que Popper engage contre les thèses des empiristes logiques laisse entrevoir la difficulté d'admettre la vérification comme critère de la signification. Il développe une objection forte qui montre le point d'encrage entre la croissance de la science et le critère qui démarque les théories scientifiques de celles qui ne le sont pas. Ce point d'encrage est rendu manifeste par la falsifiabilité qui, elle-même, est considérée non pas comme un critère de la vérité, mais comme celui du progrès scientifique. Ainsi, s'il faut dire à quel moment la théorie est scientifique dans le dispositif de Popper, la réponse est d'ordre méthodologique.

---

[7] Imré LAKATOS, *Preuves et réfutations. Essai sur la logique de la découverte mathématique*, Paris, Hermann, 1984, p. 1.

Lors de l'évaluation de la théorie, Popper met l'accent sur les résultats de l'expérimentateur. Il croit fermement à la base empirique et déduit à partir de là qu'il existe une base empirique cruciale. L'expérience occupe une place de choix et joue un rôle stratégique dans l'évaluation des théories. Une théorie n'est scientifique chez Popper que lorsqu'elle donne les conditions de sa falsification. La théorie doit nécessairement être falsifiée pour dire si oui ou non elle est scientifique. Cependant, le contraste que Popper a fait montre face aux thèses empiristes ne le met pas aussi à l'abri des objections. Lakatos s'interroge sur les mêmes bases de données empiristes pour réévaluer la pertinence de la base empirique et le rôle de l'expérience. Il arrive à une conclusion plus ou moins satisfaisante. La base empirique qu'on a qualifiée prétentieusement de crucial n'existe pas à proprement parlé selon les thèses de Lakatos, car les données de l'expérience issues des conclusions tirées par l'expérimentateur ne relèvent toujours pas de la bonne méthodologie et ne conduisent pas aisément à la déduction de la vérité attendue. C'est ainsi que Lakatos va se démarquer du falsificationnisme méthodologique de Popper pour construire une autre perspective méthodologique du falsificationnisme : c'est la version sophistiquée du falsificationnisme qui prend son apogée dans le dispositif antiréaliste ou intuitionniste. De ce fait, Lakatos récuse toute tentative de rejet de la théorie de façon isolée. Il faut plutôt partir d'une évaluation plus généreuse que celle qu'a proposée Popper. Pour le philosophe hongrois, l'évaluation n'est possible et scientifique que lorsqu'il s'agit des séries de théories ou mieux des programmes de recherche scientifiques. Ce sont des théories elles-mêmes qui rentrent en lutte et qui se falsifient mutuellement à partir de leurs contenus empiriques.

Dans cet ordre d'idées, nous précisons que l'importance de la méthodologie de Lakatos sur cette question concerne la nature même de l'objet d'appréciation auquel l'expérimentateur se réfère. Le noyau de l'analyse, estime Lakatos, ne s'appuie pas sur des théories, mais sur des dogmes et crédos organisés, entendus dans cette posture, comme des programmes de recherche scientifiques caractérisés par un « noyau dur », un « glacis protecteur » et deux « heuristiques » dont l'une est négative et l'autre est positive. Autrement dit, Lakatos montre que le programme scientifique de recherche est constitué des règles méthodologiques. Certaines de ces constitutions nous indiquent les sentiers ou les voies de recherche à éviter – l'heuristique négative – et d'autres à suivre et à explorer systématiquement – heuristique positive –. A en croire Lakatos, toute l'activité scientifique apparaît comme des vastes programmes de recherche dont la tâche essentielle consiste à imaginer des conjectures qui auront plus de contenu empirique que les conjectures précédentes. Le recours à ce schéma théorique et suprême de Popper signifie le simple fait que l'essentiel de l'activité rationnelle dans la méthodologie que l'auteur adopte est de nature critique. Ainsi, en tant que des vastes programmes de recherche scientifiques particuliers concurrents au cœur de la production scientifique de la communauté et de l'histoire des sciences, Lakatos précise que

> (…), ce que j'ai avant tout à l'esprit n'est pas la science dans son ensemble, mais des programmes de recherche particuliers, tel celui qu'on connait sous le nom de « métaphysique cartésienne ». La métaphysique cartésienne, c'est-à-dire la théorie mécaniste selon laquelle l'univers est un immense système d'horlogerie (et un système de tourbillons) avec la poussée comme unique cause de mouvement, a fonctionné comme un puissant principe heuristique[8].

---

[8]Imre LAKATOS, *Histoire et méthodologie des sciences, op. cit.*, pp. 62-63.

Lakatos explique qu'un programme de recherche scientifique n'est pas seulement le type des théories qui s'accroche à l'expérience. Même le programme métaphysique peut faire que le problème posé soit génératif et faciliter le déplacement progressif de celui-ci. Il suffit que sa constitution soit de même capable de répondre aux exigences du moment. La thèse de Lakatos ouvre une nouvelle perspective, celle notamment de l'histoire des sciences à partir d'une étude historiographique des sciences. C'est ainsi que nous considérons le contraste épistémologique entre la thèse lakatossienne et le falsificationnisme poppérien et cette étude historiographique comme un moment réfractionnel et réfractaire du fait qu'il relie la philosophie et l'histoire des sciences d'un côté, et de l'autre la façon dont il refond le cadre épistémique des différentes logiques de la découverte. Aussi, faut-il reconnaître que la thèse de Lakatos ne manque pas des limites. Cela nous permettra d'attaquer méthodologiquement le « noyau dur » et son « heuristique négative » à partir d'une méthode historico-critique. Nous qualifions cette constitution de dogmatique, de non scientifique tout en nous posons la question de savoir si elle n'est pas à la fois une réduction et une fermeture méthodologique. Cela nous amènera à élargir la discussion de la critique du « noyau dur » et de l'« heuristique négative » pour voir si cela n'a pas conduit Lakatos à un paradoxe méthodologique. Telle est la démarche procédurale qu'il faut adopter pour aller systématiquement à l'appréhension de ce que nous posons comme problème épistémo-logique.

Chapitre premier :

Problématique des fondements de la rationalité scientifique

La rationalité scientifique a-t-elle un fondement ? Cette question révèle que la démarche scientifique obéit à une rationalité. Mais, à quoi renvoie-t-elle si tant est que son sens est pluridimensionnel ? Elle-même (la rationalité) donc pose problème, parce qu'elle peut être considérée comme une perspective, une direction, un idéal ou un objet. Pour les hommes de science, l'activité scientifique est différente des autres formes de savoirs du fait qu'elle rejette le dogmatisme, le mysticisme, la magie, la superstition, le charlatanisme qui produisent le verbiage (le verbiage ici est considéré comme ce que font les sophistes, impressionnistes, inexpérimentés, etc.), le fantasmagorique, etc. Le rejet de ces domaines se justifie donc par le manque de pragmatisme rationnel[9] qui

---

[9] Nous entendons par « *pragmatisme rationnel* », la configuration scientifique d'un système logique obéissant à une méthodologie et mettant en place un critère de démarcation, une théorie de l'argumentation, un instrument du langage, une construction de la vérité, une évaluation des sociétés dans leurs relations intercommunautaires et intercommunicationnelles, etc. Nous retrouvons donc ce « pragmatisme *rationnel* » dans la méthodologie poppérienne de la science. Popper développe un critère de démarcation et du progrès scientifique pour distinguer ce qui est scientifique et ce qui ne l'est pas. Le « *pragmatisme rationnel* » chez Popper est régénérateur des concepts et des idées. Il montre les différents degrés du caractère scientifique de l'appareillage falsificationnisme de la théorie scientifique et sociologique, et la croissance de la connaissance scientifique à travers le schéma réaliste de la science. Nous donnerons un détail assez épais et compréhensible dans une prochaine publication que nous intitulerons « Le *pragmatisme rationnel chez Karl R. Popper* ». *Robert Boyce Brandom. Penser le pragmatisme analytique* (L'Harmattan 2015) de Marcel Nguimbi est une référence du point de vue de la méthodologie pour mieux appréhender

traduit le contexte des énoncés (pour dire s'ils sont scientifiques ou non) et exige pour leur justification la méthode expérimentale et/ou observationnelle. Pour y parvenir, il est convenable de questionner les différentes logiques de la découverte afin d'appréhender l'interprétation que chacune d'elles donne à propos. Cela déclenche de façon inopinée la question de la démarcation entre ce qui est scientifique et ce qui ne l'est pas. Du Cercle de Vienne à Popper, la question aurait atteint son comble, mais les péripéties historiques engendrent un nouveau tableau complexe des intelligences scientifiques. Ainsi, Lakatos va détourner le falsificationnisme traditionnel de Popper, qu'il qualifie d'ailleurs de superficiel, pour produire une version sophistiquée du falsificationnisme.

Nous partons, à cet effet, d'une interrogation qui engage la discussion au cœur de l'épistémologie anglo-saxonne, notamment celle relative à la démarcation entre les théories scientifiques et celles qui ne le sont pas. Cette

---

quelques éléments indicatifs du pragmatique poppérien. Par exemple lorsque Nguimbi parle de « Brandom et Popper : autour du pragmatique » (pp. 37 60), il en ressort la dimension sociologique prenant en compte le rôle pratique des traditions sociales sur le développement harmonieux des comportements des hommes dans la vie sociale ; la dimension heuristique de la société que Popper assigne aux sciences sociales explicatives pour montrer le caractère didactique qui régit les intérêts socio-humains dynamisant ainsi, comme le dit l'auteur, le développement du savoir. En effet, il s'agit là de découvrir et d'expliquer les « *difficultés qui font obstacle au cheminement de l'action sociale, les sciences naturelles agissant, quant à elles, dans une perspective vérificationniste* » (p. 38) ; il montre aussi la caractérisation anti-essentialiste de l'appareil logique comme instrument de la critique et le langage argumentatif comme instrument de la communication communicationnelle (nous pensons à la communication des sujets) et de la connaissance scientifique dans un paradigme pragmatique interagissant entre la problématisation et la théorisation par le principe d'éliminabilité ; il tend vers la compréhension cosmologique en tant que contenu empirique du Monde 3 poppérien faisant ainsi des sciences un domaine d'application qui débouche sur le contexte de la construction de la vérité.

question de démarcation nous amène impérativement à réfléchir sur la distinction entre science et pseudoscience. Qu'est-ce qui relève de la science et qu'est-ce qui ne l'est pas ? Ce qui ne l'est pas sera qualifié de pseudoscience. Cette dernière mérite-t-elle ce qualificatif ? Ou bien, ce n'est qu'un alibi pour disqualifier d'autres savoirs au rang de science, ou peut être que c'est une façon de les discriminer pour des raisons spécifiques.

I.1. Science ou pseudoscience ?

Nous posons la question de critère de scientificité ou non d'une théorie ou d'une logique de la découverte comme problème devant conduire notre argumentaire. Nous estimons que le critère de démarcation est employé à la suite de Karl Popper, lui, qui vise établir la distinction entre la proposition scientifique et non scientifique pour appréhender la différence essentielle qui existe entre la science et d'autres formes de discours. Une telle démonstration critériologique a pour dessein d'illustrer la conception selon laquelle les hommes de science procèdent de manière rationnelle, rigoureuse et argumentée. Ils revisitent et renouvellent leurs hypothèses lorsque les contre-exemples, construits en fonction des réalités que ces hypothèses développent, deviennent pertinents. De fait, ce qui n'est pas de l'ordre de la rationalité n'est pas considéré comme scientifique plutôt que comme pseudo-scientifique.

Aussi, est-il nécessaire de remarquer que des problèmes logico-mathématiques s'imposent dans la recherche de la rationalité scientifique ainsi que dans la construction d'un langage artificiel et/ou explicite en science. La question que l'on se pose est notamment celle-ci : existe-t-il des théories ou énoncés scientifiques qui ne possèdent aucun sens de scientificité argumentative ? A cette question, Lakatos répond et donne le contexte de sa justification. Sa réponse remplit l'espoir de tout homme aimant posséder la connaissance, car elle démontre que plusieurs types de savoirs peuvent faire l'objet d'une étude systématique quelle qu'elle soit. C'est le cas des œuvres d'arts[10], des œuvres romanesques et poétiques, des œuvres expérimentales ou techniques, des savoirs théologiques, cosmogoniques et eschatologiques, des œuvres philosophiques, logiques et mathématiques assez avancées dans le domaine de la construction et de la découverte. Seulement, les hommes de science croient toujours pouvoir justifier scientifiquement leurs méthodes, à la différence des autres discours du savoir – à l'instar du mythe dans ses diverses catégories : cosmogonique, eschatologique, totémisme, théogonique et autres domaines –, comme une façon de distinguer *science* et *pseudoscience*.

La *''science* !''Qu'est-ce que c'est ? Si l'on s'en tient au mot et à son étymologie, le mot *''science''* vient du latin *''scientia''* qui signifie connaissance. Depuis l'Antiquité, le mot *''science''* devenait déjà un concept opérateur à partir duquel on pouvait la distinguer des autres formes de savoirs, notamment les plus remarquables sont le *mythe* et la *religion*. Cette distinction est due au fait que les hommes de science soutiennent que l'activité scientifique ne réside pas dans l'*imaginaire*, le *fictif*, le *fantastique*, le *fantasmagorique*, l'*extraordinaire* ou la *croyance*, ou encore ne se trouve pas dans le lien *affectif* et *effectif* qui relie l'homme et l'être surnaturel. L'activité scientifique requiert plus d'exigences de raisonnements déductifs et/ou inductifs et de méthodes– expérimentales ou observationnelles – pour arriver à la qualité de la connaissance qui donne accès à l'effectivité ou au rationnel. En ces termes, la science s'oppose au dogmatisme qui essaie de persuader plutôt que de convaincre, de dogmatiser plutôt que de démontrer scientifiquement, soutenant des thèses sans jamais les justifier. Le discours

---

[10]Imre LAKATOS, « Science and pseudoscience », in G. Vesed (ed.), in *Philosophie in the Open*, 1974h

dogmatique n'engage pas la discussion dialogique ou le « dialogue dialogique » avec d'autres discours concurrents. Il veut plutôt dompter, assujettir l'auditeur à cause de sa sacralité. Dans ce sens, pour donner la source définitionnelle de la science, Lakatos écrit : « *Knowledge in latin is scientia, and science came to be the name of the most respectable kind of knowledge*[11]».

Dès ce moment, nous pouvons constater la distinction s'établir entre *science*, *pseudoscience – la métaphysique,* comme le qualifient les tenants du positivisme logique –, *idéologie*, *superstition*, *mythe*, *théologie* et/ou *croyance*. Dans ce contexte, la *''science''* revendique plus de rationalité, plus de rigueur et d'élégance que d'autres formes de connaissances pré-natales ou pré-scientifiques à l'exercice rationnel. Anouk Barberousse, Max Kistler et Pascal Ludwig démontrent que les philosophes comme Neurath, Carnap et Hans se disent :

> Préoccupés par la renaissance d'idées métaphysiques qui menacent de remettre en question la place centrale qu'occupe et que doit occuper selon eux la seule science. Les philosophes du Cercle de Vienne entendent justifier la supériorité de la science quant à la recherche de la vérité sur toutes sortes de conceptions non scientifiques du monde : métaphysiques, mythiques ou pseudoscientifiques[12].

Cette distinction est tenace pour les hommes de science dans la mesure où le concept de *''science''* n'est attribué à quelque chose que lorsqu'elle fait preuve du processus démonstratif et de rigueur logique. Le Cercle de Vienne a formulé une idée directrice qui reflète le contenu informatif de l'empirisme logique ou du positivisme logique. La science

---

[11]Imre LAKATOS, *id.*

[12] Anouk BARBEROUSSE, Max KISTLER et Pascal LUDWIG, *La philosophie des sciences au Xe siècle*, Paris, Flammarion, 2000, p. 12.

empirique ou expérimentale est supérieure à d'autres sciences ou formes de sciences dans la recherche de la vérité, parce qu'elle est la seule qui est fondée sur l'observation, garantissant la confrontation entre les hypothèses et la réalité, c'est-à-dire exerçant une vérification objective des énoncés. Les scientifiques tenaient rigoureusement à cette distinction pour des multiples raisons ; par exemple pour affirmer non seulement leur supériorité qualifiante au sein de la société, mais aussi à cause de la méthode inductive et déductive qu'ils employaient, estime Lakatos.

Si Lakatos pense qu'un programme de recherche scientifique ou mathématique ne peut pas être une « *weltanschauung* »[13] ou encore une vision du monde, c'est-à-dire une sorte de rigueur scientifique généralisée pour se conduire en « arbitre » entre *''science''* et *''pseudoscience''*, alors il est loin de concevoir cette distinction comme une affaire de prédominance philosophique ou scientifique. Selon Lakatos, elle relève peut-être de la position de la vie sociale ou politique d'un homme. C'est ce qu'Anouk Barberousse, Max Kistler et Pascal Ludwig ont souligné lorsqu'ils montrent la position dogmatique concernant l'acceptation des énoncés scientifiques : « *On accepte les énoncés scientifiques* [les dogmatiques], *ou un certain sous-ensemble de ceux-ci, sur le seul fonctionnement de l'autorité des personnes qui les ont produits dans des circonstances appropriées. Cette autorité est typiquement accordée aux scientifiques de profession*[14]».

Ainsi, dans quel contexte doit-on distinguer la *''science''* des autres formes de connaissance ? Voilà tout aussi le problème qui prend une direction discursive et pose le problème de la démarcation en science, dévoilant en son

---

[13]Imre LAKATOS, *Histoire et méthodologie des sciences. Programmes de recherche et reconstruction rationnelle*, Paris, P.U.F., 1984, p. 95.

[14] Anouk BARBEROUSSE, Max KISTLER et Pascal LUDWIG, *La philosophie des sciences au Xe siècle, op. cit.*, p. 11.

articulation le problème de critère de la vérité couplé de l'idée de la base empirique des théories scientifiques. Répondre à cette question voudrait aussi dire que, dans le dispositif de l'empirisme logique, la réponse est tant soit peu reconnue par certains hommes de science. La posture épistémique donnée par le Cercle de Vienne suscite les hostilités dans la communauté scientifique. Nous allons donc, à cet effet, rendre manifeste la thèse que les tenants du positivisme logique soutiennent avec force pour renverser d'autres logiques de la découverte. Il est donc tout à fait clair qu'on ne puisse aborder cette question délicate sans jamais se référer aux visions empiristes.

I.2. Le Cercle ou l'exclusion de la métaphysique

En tant qu'école de pensée ou groupe de recherche, le Cercle de Vienne tente de justifier la démarche structurale de la découverte scientifique. Il développe une nouvelle construction épistémique qui pose et interprète des questions logico-mathématiques et voire philosophiques concernant le sens ou la signification des énoncés scientifiques ou pseudo-scientifiques. Cette philosophie empiriste retrouve ses assises dans la perspective analytique et syntaxique. Cela revient à dire qu'historiquement, la philosophie analytique a des origines mathématiques et logiques. Ainsi, la nouvelle vision du monde élaborée par le Cercle de Vienne s'inscrit dans cette lancée méthodo-logique, dans une perspective qui pose le problème de la scientificité ou non des théories à partir d'un critère de démarcation. Selon le Cercle de Vienne, la signification des énoncés dépend d'un critère qui démarque la science ou l'objectivité des théories des acceptions religieuses ou dogmatiques. C'est ainsi que dans la compréhension du critère de vérification, nous ne faisons point l'économie de ces deux disciplines (logique et mathématiques) parce que, c'est aussi dans les sciences formelles que la problématique de la démarcation est problématisée. Le positivisme logique étant donc une partie de la logique mathématique. De ce fait, il engage une thèse qui souligne les grandes lignes de la philosophie du langage. Thèse qui relance le langage comme instrument énonciatif qui doit avoir un cadre de référence empirique pour confirmer la validité des théories. C'est pourquoi pour des raisons des origines, le positivisme logique peut-être aussi appelé l'empirisme logique. Cela nous amène à dire que ses origines sont aussi bien logiques, analytiques qu'empiriques.

En effet, nombreux sont ceux qui s'opposent à la métaphysique. Certains estiment qu'elle est fausse parce qu'elle ne prouve ni ne démontre par l'expérience. D'autres pensent qu'elle est seulement incertaine parce qu'elle pose le problème comme dépassement de la connaissance humaine, du monde, bref de l'univers. Si telle est le cas, la connaissance empirique qu'on a de ce monde trouverait ses limites face aux déclarations métaphysiques. Ainsi, l'on se trouve devant deux tendances de nature sceptique qui prennent la doctrine métaphysique à la fois comme fausseté et comme incertitude. Si l'on s'en tient aux mots fausseté et incertitude, on se rendra bien compte qu'il s'agirait là du problème de la démarcation entre ce qui est scientifique et ce qui ne l'est pas. C'est pourquoi, les antimétaphysiques se détournent des questions métaphysiques pour la simple raison qu'elles ne fécondent pas la pensée scientifique qui engendre l'activité pratique.

Quoi que l'on puisse dire, les antimétaphysiciens déclarent qu'il est inutile de répondre aux questions métaphysiques ; d'ailleurs, que l'on ne pose des questions métaphysiques ou que l'on ne réponde si elles étaient posées, dans les deux cas, il est inutile d'en faire une préoccupation. La vraie tâche qui doit revenir à un homme de science se trouve dans l'entière consécration pour la pratique se présentant comme une action nécessaire à la recherche. Parmi les sceptiques contemporains qui redoutent la métaphysique, nous comptons R. Carnap et Bertrand Russell. Carnap par exemple développe une science ultime de la recherche scientifique et pose le problème en termes de dépassement de la métaphysique par l'analyse logique du langage pour valider ou invalider la métaphysique. Il faut donc passer par l'analyse logique du langage, au moyen de la théorie de la connaissance ou de la logique appliquée, pour clarifier le contenu informatif des énoncés scientifiques. C'est dans ce contexte que Carnap pense que les mots, les concepts voire les énoncés auront leur vraie signification. Pour espérer avoir un résultat positif, Carnap suggère la prise en compte du domaine de la science empirique d'où les concepts sont clarifiés, décrits selon le contexte de la logique formelle et de la théorie de la connaissance. Dans le domaine de la métaphysique, l'analyse logique ne pourra pas s'exprimer, son résultat est négatif. Dans ce domaine, les énoncés sont dépourvus de signification : c'est le dépassement radical de la métaphysique. La logique devient de ce point de vue un outil de précision suffisante et parfaitement harmonieux. Ainsi, Carnap écrit : « *Lorsque nous affirmons que les soi-disant énoncés de la métaphysique sont dépourvus de sens, cette expression doit être prise dans le sens le plus strict.* »[15] C'est ici la preuve que Carnap n'accorde aucune place à la métaphysique. Celle-ci ne constitue pour lui qu'un ensemble d'énoncés rempli de non-sens et de raisonnements vides de signification. Ainsi, il poursuit sa thèse en affirmant que

> Dans un usage plus relâché, « dépourvu de sens » se dit parfois d'une phrase ou question stérile (par exemple : « Quel est le poids moyen des habitants de Vienne dont le numéro de téléphone se termine par un 3 ? »), ou bien encore d'une phrase qui est notoirement fausse (par exemple : « En 1910, Vienne comptait 6

---

[15] Rudolf CARNAP, « Le dépassement de la métaphysique par l'analyse logique du langage » (pp. 153-177), A. SOULEZ (éd.), *Manifeste du Cercle de Vienne et autres écrits*, Paris, PUF, 1985, p. 156.

habitants »), (...) ou d'une phrase qui est fausse, non seulement empiriquement, mais aussi logiquement et qui est donc contradictoire (par exemple : « De ces deux personnes A et B, chacune a un an de plus que l'autre »). De telles propositions, qu'elles soient stériles ou fausses qu'à condition qu'elles aient un sens.[16].

Carnap poursuit son argument et estime que la rigueur logique est beaucoup plus stricte qu'elle n'accepterait pas n'importe quoi dans son système. Il s'engage donc à montrer comment un énoncé métaphysique peut être considéré comme vide de signification. Ainsi, il écrit à ce propos :

> Au sens strict, est dépourvue de sens une suite de mots qui ne constitue pas un énoncé à l'intérieur d'une langue donnée. Il arrive qu'une telle suite de mots paraisse (...) être un énoncé, dans ce cas, nous l'appelons simili-énoncé. Nous soutenons donc la thèse que les prétendus énoncés de la métaphysique se révèlent à la lumière de l'analyse logique des simili-énoncés[17].

Carnap rejette de manière radicale les énoncés métaphysiques lorsqu'ils ne veulent absolument rien dire. Ils deviennent stériles, lorsqu'ils ne produisent aucun sens logique et ne déterminent aucune valeur sémantique. La fausseté de la métaphysique devient visible à partir du moment où elle ne donne aucune précision dans l'argumentation ou dans l'énonciation. Du point de vue logique et empiriste, la métaphysique est déclarée fausse et contradictoire. Elle énonce de façon confuse et contradictoire en développant certaines positions ou hypothèses qui manquent de précision. La métaphysique se caractérise donc, selon Carnap, par un ensemble d'énoncés faux, stériles, contradictoires et inutiles. Elle est de ce fait dépourvue de sens, car les mots ou les concepts qu'elle utilise sont notoires et ne possèdent aucun caractère empirique. Les prétendus

---

[16] Rudolf CARNAP, *idem.*
[17] Rudolf CARNAP, *ibidem.*

énoncés métaphysiques sont donc à écarter du domaine de la science et en particulier de la science empirique, là où il est accepté de préférence l'action, la pratique et la précision à la spéculation creuse et inutile. La science empirique dont l'analyse logique est l'expression préférable possède un vocabulaire et une syntaxe logique qui mettent en valeur, pour leur fonctionnement, les règles de formation des phrases significatives. Les énoncées métaphysiques au contraire se composent des mots qui, n'ayant pas de signification scientifique, sont erronés. Même si l'on peut accepter que ces mots aient une signification, « *mais ils forment un assemblage contraire à la syntaxe qui leur retire tout sens.* »[18]

Dans le domaine de l'analyse logique du langage et par la méthodologie de la science empirique, les mots ont-ils une signification ? Selon Carnap, les mots perdent parfois au cours des années leur signification sans en recouvrer une nouvelle. Un mot qui perd sa signification première sans en retrouver une autre est qualifiée de simili-concept, c'est-à-dire un mot qui n'a pas de signification. Pour qu'il recouvre sa signification, Carnap suggère une démarche logique qu'il croit meilleur, notamment celle de la syntaxique logique du langage. Dans cet ordre d'idées, il est nécessaire de fixer la syntaxe du mot ou mieux les modalités de son occurrence dans la forme proportionnelle la plus simple ; autrement dit, le mot recouvre son sens lorsqu'il est formulé dans une phrase simple. C'est ce que Carnap appelle la forme proportionnelle élémentaire. Au regard de cela, Carnap pose le problème de la démarcation en termes de logique de la recherche à partir de la déduction, de la vérité, de la vérification et de la signification. Cela augure dans le dispositif carnapien un nouveau monde logique où les énoncés constituent les expressions correctes ou bien

---

[18]Rudolf CARNAP, *ibid.*

formées, la cohérence du langage, la signification par la vérité au sein de la théorie de la connaissance, ou encore des sources de la connaissance.

La signification d'un mot réside dans son critère de la vérité[19]. Carnap recherche donc un critère de la vérité à partir de la syntaxe et de la signification. La construction carnapienne des énoncées bien formulés découlent d'une formulation métalogique en tant que théorie de la syntaxe du langage et du sens ou mieux de la logique des relations déductibles. Une telle posture démarque l'analyse logique du langage de la métaphysique et la signification traduit de façon systématique le critère de la vérité le plus simple et le plus recherché. Ainsi, le critère de la vérité, la méthode de vérification et la signification traduisent chez Carnap les conditions de déductibilité de l'énoncé élémentaire. Si cela est déterminé de la sorte, la signification du mot devient alors fixée, parce que chaque mot du langage est réduit à d'autres mots figurants parmi les énoncés d'observations ou populaires, c'est-à-dire le mot qui subit une réduction à partir des énoncées protocolaires reçoit de fond en comble sa signification. L'observation s'impose dans ce sens comme ce qui est nécessaire pour vérifier, par l'analyse du langage, l'authenticité de l'énoncé avant qu'il n'ait son sens ou sa scientificité ; la signification d'un mot est de ce fait déterminée par son critère qui n'est autre que les relations de déduction[20] de son énoncé élémentaire ou encore la méthode de vérification qui n'en demeure pas moins la condition de vérité. Dans ce sens, Carnap écrit :

> (…) qu'une suite de mots n'a de sens que si l'on a établi des relations de déductibilité à partir d'énoncés protocolaires quelle que soit la nature de ces derniers ; de même qu'un mot n'a de signification que si les énoncés dans lesquels il figure sont réductibles à des énoncés protocolaires. On ne doit pas en dire

[19] Rudolf CARNAP, *ibid.*, p. 158.
[20] Rudolf CARNAP, *ibid.*, p. 159.

> moins que le critère qui confère au mot une signification précise ; on ne doit pas non plus en dire plus que le critère, par lequel tout ce qui s'ensuit est déterminé ; le critère contient la signification à l'état (…). Faute de critère établi pour le mot nouveau, les énoncés dans lesquels il figure ne veulent rien dire ; ce sont de simples simili-énoncés[21].

Le mot qui possède une signification est déterminé par un critère empirique. Le critère détermine le sens qu'on donne à un mot pour bien faire la distinction entre la classe des choses qui répond aux exigences concrètes de celle qui n'y répond pas. Dans le dispositif carnapien, rien de semblable ne peut conduire à une signification logique, si bien que la syntaxe du langage étudie l'énoncé dans sa forme proportionnelle élémentaire pour déceler le sens que cache un mot. La signification d'un mot dépend de son caractère empirique qui indique les caractéristiques logiques de celui-ci (le mot). Ce dernier doit nécessairement avoir un sens, autrement il est un mot sans signification et donc sans enjeux méthodo-logiques. La signification d'un mot est aussi liée à sa perceptibilité, c'est-à-dire pour qu'un mot ait une signification, il doit obéir à quatre exigences méthodo-logiques. Ainsi pour Carnap, un mot ou une proposition doit (a) obéir aux critères empiriques connus, (b) établir nécessairement la relation de déduction avec les énoncés protocolaires ou d'observations, (c) établir les conditions de sa vérité et enfin (d) présenter sa procédure de vérification. Sur ces mots, Carnap rejette radicalement la métaphysique et la conçoit comme un mot sans signification parce qu'il n'est réductible à rien de protocolaire ; d'où le mot métaphysique est un simili-énoncé. Sous cet angle, Carnap affirme :

> L'analyse logique rend dès lors un verdict de non-sens contre toute prétendue connaissance qui veut avoir prisé par-delà ou par derrière l'expression. Ce verdict atteint d'abord toute

[21]Rudolf CARNAP, *ibid.*, pp. 158-159.

métaphysique spéculative, toute prétendue connaissance par pensée pure ou par intuition pure, qui croit pouvoir se passer de l'expérience. Mais le verdict s'applique aussi à cette métaphysique qui, issue de l'expérience veut connaitre au moyen d'inférences particulières ce qui se trouve hors de ou derrière l'expérience[22].

Carnap montre bien le contexte dans lequel il rejette la métaphysique. Il s'explicite encore en justifiant sa pensée en ces termes :

De plus, ce verdict vaut également pour toute philosophie des valeurs ou des normes, pour toute éthique, ou toute esthétique en tant que discipline normative. Car la validité objective d'une valeur ou d'une norme (et ce qui pour les philosophes des valeurs eux-mêmes) ne peut être vérifiée empiriquement ni déduite d'énoncés empiriques ; par suit, elle ne peut absolument pas être exprimé (par un énoncé doué de sens)[23].

La thèse de Carnap met en évidence l'importance de l'expérience par laquelle l'exclusion de la métaphysique et la prétendue connaissance issue de la pensée pure ou intuition pure est manifeste. Le rejet de la métaphysique englobe aussi les différentes philosophies spéculatives sur l'éthique, l'esthétique ou le beau, des valeurs et des normes. La philosophie esthétique ne donne aucun sens relatif à l'action et ne peut être vérifiée empiriquement. On ne peut donc pas soutenir que des philosophies spéculatives relatives au beau, à l'existence, à la mort, à l'âme, à Dieu, à l'en soi, aux normes, aux valeurs, etc., sont des énoncés empiriques parce qu'elles ne peuvent pas être exprimées comme des énoncés doués de signification. La référence à l'expérience voudrait dire que la science dans son objectif ne peut pas s'éloigner de l'observation empirique et de l'analytique du langage. La science serait loin d'être une simple compilation d'images sans signification résidant dans un monde où les êtres qui y

---

[22] Rudolf CARNAP, *ibid.*, p. 173.
[23]Rudolf CARNAP, *id.*

sont ne constituent que des idées, des substances. Les objets de la science sont empiriques et obéissent à l'expérience. Le caractère empirique de la science renvoie à la réalité observationnelle, laquelle a pour intérêt d'éradiquer les concepts dépourvus de sens et clarifier les mots et les énoncés pourvus de significations. Carnap renverse la méthode déductive de ses anciennes postures et l'introduit dans une nouvelle sphère qu'il appelle lui-même par la nouvelle vision du monde. Dans cette contexture méthodologique, Carnap montre l'avenir de la philosophie en ces termes :

> Mais que reste-t-il finalement à la philosophie, si tous les énoncés qui disent quelque chose sont de nature empirique et appartiennent à la science du réel ? Ce qui reste, ce n'est ni des énoncés, ni une théorie, ni un système, mais seulement une méthode : la méthode de l'analyse logique (...) : elle sert en ce cas à éradiquer les mots dépourvus de signification, les simili-énoncés dépourvus de sens. Dans son usage positif (...) elle sert à clarifier les concepts et les énoncés doués de sens, pour fonder logiquement la science du réel et la mathématique[24].

Il est évident que la recherche des fondements dont Carnap exalte possède plusieurs avantages méthodologiques et conduit l'investigation scientifique sur des éléments objectifs. La philosophie empirique devient la philosophie de la science et son application est positive parce qu'elle se fonde sur la pratique de la science expérimentale. Ainsi, la clarification des concepts ou des énoncés doit être davantage détaillée par la méthode déductive. Le caractère logique des énoncés est donc le résultat d'une analyse logique. C'est ainsi qu'il apparaît, d'après Carnap, plusieurs concepts métaphysiques qui ne remplissent pas les conditions de signification qu'ils devraient indiquer. Les questions qui soulèvent le problème du principe de l'être ou bien du

---

[24] Rudolf CARNAP, *ibid.*, p. 174.

principe de la connaissance sont diversement expliquées. Mais ce qui a toujours posé problème, c'est le terme métaphysique ou principe premier que les métaphysiciens définissent de façon ambigüe, surtout lorsqu'ils répondent à la question de savoir quel est le principe premier de l'univers ou des choses. Les réponses sont diversement choisies ; car, certains répondent par une relation matérielle des choses comme l'eau, l'air, la terre, le mouvement et d'autres par rapport à la conception idéaliste qui privilégie les notions telles que l'Âme, l'Idée, la Pensée, la Raison, l'Esprit, Dieu, l'Inconscient, le Bien, etc. La signification au mot ‘‘principe’’ devient métaphysiquement incomprise et ambigüe. Ainsi, toute métaphysique est dépourvue de sens ou de signification[25].

Les mêmes postures se trouvent aussi aménagées par Bertrand Russell lorsque la philosophie analytique laisse entrevoir l'idée d'une vérité-correspondance. L'essentiel de ses postures se trouvent aussi articulées dans *Signification et vérité*, là où Bertrand Arthur William Russell s'affaire à la théorie de la vérité correspondance. Russell pense que lorsqu'une proposition est dite vraie, elle l'est en accord avec une ou plusieurs occurrences qu'on peut appeler ‘‘*vérificateur*’’[26]. En d'autres termes, pour qu'une proposition soit significative ou scientifique, elle doit nécessairement avoir une correspondance du point de vue empirique qui se constitue pour elle un vérificateur, à l'instar de la proposition suivante : « la Nature (par exemple une mangue) est verte, jaune, rouge, etc. ». Symboliquement, nous la représentons de cette manière : $\square x\ Nx \rightarrow (Vx\ v\ Jx\ v\ Rx)$. Les adjectifs tels que *verte*, *jaune* et *rouge* n'auront qu'un seul *vérificateur* : ‘‘la *Nature*’’.

---

[25]Rudolf CARNAP, *ibid.*, p. 169.

[26] Bertrand RUSSELL, *Signification et vérité*, Paris, Flammarion, 1969, p. 369.

Du point de vue de la syntaxe, le *vérificateur* '*'Nature''* se distingue des prédicats *''verte''*, '*'jaune''* et *''rouge''*. Les prédicats ne sont différents qu'en ce qu'ils tiennent ou dépendent d'un même sujet qui représente plusieurs qualités. Ce qui intéresse Russell dans ce livre cité ci-dessus, c'est l'investigation de quelques problèmes au niveau de la connaissance empirique. C'est pourquoi, il pouvait accorder plus de crédits aux considérations linguistiques, à l'analyse du langage pour des problèmes essentiels qu'il considère comme réel, notamment les problèmes de la preuve empirique d'une proposition et l'existence de cette preuve. Sous cet angle, la syntaxe exige l'harmonie et l'ordre des concepts ayant un sens et une référence empirique. A partir de là, Russell va occulter toutes les propositions complexes – à l'exception de quelques-unes – dans la dimension syntaxique, à l'exemple des propositions qui sont liées aux connecteurs logiques bivalents tels que '' *et*' 'ou ''*bien que*'' ou encore ''*mais*''. La proposition simple douée de signification est celle qui explique quelque chose en une seule phrase et non en deux phrases distinctes. Est-ce pour dire que Russell ne se prononce qu'en faveur des propositions atomiques et rejette toutes les propositions moléculaires ?

Russell amplifie les ressources syntaxiques et sémantiques de la logique contemporaine qui ont pour but de déterminer la structure du savoir ou mieux la connaissance empirique la plus exacte de nos connaissances naturelles rendues claires grâce à la logique analytique[27]. Partant de cette posture, Russell veut redonner à la philosophie une démarche scientifique et, cette démarche n'est autre que la logique pure ou nouvelle[28], c'est-à-dire la logique mathématique. Une telle démonstration nous amène à comprendre que l'analyse logique permet aux empiristes

---

[27] Bertrand RUSSELL, *ibid.*, 4eme de couverture, le dos du livre.
[28]Bertrand RUSSELL, *La méthode scientifique en philosophie*, Paris, Payot, 1986, p. 7.

logiques de se débarrasser aussi bien des discours dénués de sens que des pseudo-problèmes. Ici, la condition essentielle de la scientificité d'un énoncé est le respect des faits et l'utilisation d'un langage logique *« susceptible d'aider à la 'débabelisation' des sciences, en assurant notamment une triple fonction de purification, de simplification et de systématisation des énoncés »*[29]. C'est dans cette triple fonction que la possibilité d'une démarcation est nécessaire ; car elle prône l'exigence du respect des faits tel que l'empirisme l'annonce et la pureté logique du discours, en mettant à part les énoncés empiriques dont la syntaxe logique indique et/ou délimite avec précision la signification des énoncés vides de sens. Dès lors, l'empirisme logique s'intéresse aux énoncés rationnels.

Il faut préciser que l'empirisme logique n'est pas toujours une science analytique où la démarche est toujours vraie sinon tautologique en méta-langage. Pour avoir des informations sur le monde, l'empirisme logique admet les types d'énoncés synthétiques qui n'ont pas pour valeur de déterminer ou d'indiquer l'analyse formelle plutôt que la « *vérification* » des énoncés avec l'expérience sensible comme référence. Seuls de tels énoncés synthétiques sont doués de sens. Ainsi, étant donné que l'histoire et la philosophie des mathématiques n'ont pas un cadre de référence réel pour indiquer la valeur de ses raisonnements, tout simplement parce que ce cadre n'existe pas, elles sont donc dénuées de signification. Autrement dit, la philosophie n'a pas d'objet d'investigation. Il n'existe pas des problèmes spécifiquement philosophiques. Il ressort donc que l'empirisme logique et le Cercle de Vienne ne définissent pas

---

[29] Sémou P. GUEYE, « Le statut épistémologique de la philosophie chez Karl Popper, à travers sa critique de la problématique empirique logique de l'éliminabilité de la métaphysique » in *EPISTEME*, revue sénégalaise d'histoire, sociologie, philosophie des sciences et technique, Presses Universitaires de Dakar, N° 3, mais 1992 ; p. 66.

la philosophie comme une science herméneutique encore moins comme une science généalogique. D'ailleurs avec Russell, les mathématiques n'ont pas une généalogie. Ainsi, une étude consacrée à l'histoire des mathématiques est une perte de temps et, par conséquent, la philosophie des mathématiques doit incarner la réflexion de cette prétendue généalogie des mathématiques.

Si l'on peut revenir sur les postures de Rudolf Carnap, on remarquera que ce philosophe, sous l'influence de Wittgenstein, chez qui le critère de vérifiabilité a été construit et développé, estime que les énoncés philosophiques n'ont pas de contenu cognitif, du fait que ce critère de vérifiabilité indique que le sens d'une proposition est redevable à sa vérification et qu'une proposition n'est douée de signification que si et seulement si elle est vérifiable, c'est-à-dire s'il existe exactement un cadre de référence logique. Autrement dit, la vérité de la proposition n'est établie que lorsqu'elle est vérifiée par rapport à l'expérience et la proposition doit être liée à la sensibilité empirique ; d'où la confirmabilité est considérée comme un critère de démarcation[30]. En d'autres termes, selon le positivisme logique, un énoncé n'a de sens que s'il a un contenu empirique ou sensible et, cette sensibilité doit nécessairement être réductible à l'observation pour qu'elle se confirme. C'est en suivant cette méthodologie radicale que se trouve la tendance empiriste de la connaissance qui affirme la légitimation de nos organes de sens[31] au profit de la spéculation. Ainsi, la procédure à suivre

---

[30] Cf. CARNAP, cité par F. REVENC, « L'empiriste et la syntaxe du langage », Michel MEYER (dir.), *La philosophie anglo-saxonne*, Paris, PUF, 1994, p. 215.

[31] « *Ce sont deux affirmations conjointes – l'une sur les preuves sensorielles en faveur des énoncés scientifiques l'autre sur l'origine de la signification linguistique – qui constituent l'essence du principe de vérifiabilité compris de manière empiriste, c'est-à-dire sous le Babel : « théorie vérificationniste de la signification* ». », Cf. R. CARNAP, cité par F. REVENC, « L'empiriste et la syntaxe du langage », *op. cit.*, p. 216.

est de nature à comprendre que le langage doit être connecté à l'expérience pour garantir la véracité de l'énoncé. Finalement, le critère de vérifiabilité n'a de sens que dans la signification des énoncés. S'il est lié aux faits, alors on pourra dire que l'énoncé est significatif. Autrement dit, la référence à l'expérience est source de sens, de principe de vérification. Plus clair encore, le principe de vérification n'est rien d'autre que le reflet de ce qui est empirique ou de ce qui est de l'observation immédiate.

De même, Sémou Pathé Guèye, confirme le fait que Carnap s'attache à la méthode élaborée par Russell qui consiste à unifier les sciences grâce à leur base des données empiriques régulées par le langage physique. Cela permet de cerner le fait que le langage physique soit un ensemble d'énoncés confirmant une relation sensible sinon empirique entre le langage et la perception d'une part, et d'autre part entre le sujet connaissant et la réalité immédiate. D'où les énoncés, suivant cette méthode, sont réputés pourvus de signification. Cette double approche que nous venons d'évoquer est l'œuvre de la syntaxique logique, considérée comme une logique de la découverte. Sémou Pathé Guèye montre que

> Dans la construction logique du monde, Carnap s'est attelé à trouver une base pour unifier les sciences en s'appuyant notamment sur la méthode de transformation élaborée par Russell et qui consiste à remplacer chaque fois par des constructions logiques les entités inférées[32].

Suivant l'explication de Sémou Pathé Guèye, Carnap a fondé une science unilatérale à partir de laquelle la philosophie traditionnelle est éliminée ou méconnue. Carnap

---

[32] Cf. Rudolf CARNAP cité par Sémou P. GUEYE, « l'élimination de la métaphysique chez Carnap » in *Epistème*, revue sénégalaise d'histoire, sociologie, philosophie des sciences et techniques, PUD, n° 3, mai 1992, p. 69.

s'en tient au seul critère, celui de la vérifiabilité, de la signification pour la croissance de la connaissance scientifique. Au regard de ce qui précède, les théories scientifiques standards sont celles qui sont à la fois empiriques et logiques. Car, tout énoncé doit être nécessairement vérifié pour être déduit pourvu de signification. Autrement dit, à partir de la vérification nous pouvons distinguer, aussi dans un langage donné, les énoncés bien formés et des énoncés mal formés[33]. Dans ce sens, seules les propositions vérifiables possèdent une signification scientifique, selon les partisans du positivisme logique.

Le critère de vérifiabilité, comme nous l'avons mentionné précédemment, vient de l'influence de Wittgenstein qui « *avait suggéré que les vérités logiques et mathématiques se ramènent à des tautologies* »[34]. Cette suggestion a été soutenue par le positivisme logique dans la construction syntaxique des énoncés et dans la distinction des énoncés doués et dépourvus de signification. Pierre Jacob nous sert de témoignage lorsqu'il nous montre combien de fois Wittgenstein a influencé le positivisme logique. Ainsi, il déclare que « *Les positivistes logiques reprirent avec enthousiasme cette suggestion : les vérités logiques (...) sont sinnlos et non pas unsinnig ; elles sont vraies en vertu de la signification des termes qui les composent* »[35]. Ce qui est *sinnlos* est doué de signification, doué de sens et ce qui est *unsinnig* est dénué de sens ou de signification. Les énoncés *sinnlos* sont donc pourvus de sens ; et le critère de démarcation tel que la vérification ou la signification s'opère à l'interface de l'empirique et du langage ou de la logique.

Dans la vérifiabilité des sciences et l'analycité de la logique, Carl Hempel discute aussi le critère empiriste de la

---

[33] Pierre JACOB, *De Vienne à Cambridge, l'héritage du positivisme logique de 1950 à nos jours,* Paris, Gallimard, 1980, p. 15.
[34] Pierre JACOB, *op. cit.,* Ch.1, p. 17.
[35] Pierre JACOB, *id.*

signification cognitive[36]. Selon Hempel, les empiristes contemporains estiment qu'un énoncé ne peut illustrer une pensée contenant un sens scientifique que s'il possède un vérificateur et un caractère analytique ou contradictoire d'une part, et d'autre part s'il est capable d'être confronté à une preuve empirique. En d'autres termes, un énoncé n'est scientifique que lorsqu'il détient deux ou l'une des références, à savoir que sur le plan logique, l'énoncé doit être du type analytique ou contradictoire. Analytique lorsqu'il est conforme aux données observables ou empiriques et, contradictoire lorsque l'énoncé n'est pas conforme à la réalité immédiate, parce que n'ayant pas un vérificateur. Sur le plan empirique, l'énoncé doit exprimer les faits. D'où la vérifiabilité comme critère donne un sens scientifique aux énoncés. A partir de là, les énoncés deviennent significatifs et possèdent un sens scientifique[37]. D'ailleurs, Hempel montre que *« Pour qu'un énoncé puisse exprimer une assertion empirique, il doit pouvoir être confirmé ou contredit par les phénomènes potentiellement observables »*[38]. Autrement dit, après que l'énoncé soit vérifié au moyen de ce qui est empirique – un objet par exemple –, il est confirmé et, par conséquent, l'énoncé sera contredit quand il se révèle faux après vérification.

Après avoir contemplé la gloire de la fameuse thèse des empiristes logiques, nous estimons que le critère de vérifiabilité est un critère mathématiquement réducteur car, il réduit la connaissance. Ce critère de démarcation contient des limites parce qu'il y a des situations intermédiaires qui lui échappent, à l'instar des théories scientifiques qui reposent sur des mythes ou l'imagination et ne peuvent faire l'objet d'une testabilité encore moins d'une vérifiabilité, tout

---

[36] Carl HEMPEL, cité par Pierre JACOB, *De Vienne à Cambridge*, *Ibid.*, p. 61.

[37] Carl HEMPEL, *id.*

[38] Carl HEMPEL, *ibid.*, p. 63.

simplement parce qu'elles manquent un cadre de référence empiriquement vérifiable. C'est ainsi que le positivisme logique sera critiqué de façon acerbe et sans complaisance à l'école poppérienne. La critique poppérienne va donc rivaliser les données logiques de la connaissance scientifique et la méthodologie de la démarcation que les positivistes logiques défendent et mettent en valeur. Dès lors, nous allons à la compréhension systématique de la formulation poppérienne de la démarcation entre science et pseudoscience.

I.3. Popper et la question de la démarcation

Dans le contexte que Popper donne pour reconnaître la scientificité d'une hypothèse se trouvent germer les prémisses d'une méthodologie qui démarque la science des autres domaines du savoir. Des révélations ou des prédictions qui ne donnent pas accès aux tests expérimentaux ne signifient absolument rien chez Popper. C'est ainsi qu'il ne cesse de s'alarmer contre les postures historiques des marxistes et des déclarations psycho-analytiques du freudisme. Pour lui, Marx et Freud n'ont pas su intégrer leur démonstration dans le contexte scientifique qu'il faut. Les déclarations qu'ils ont faites ne répondent pas à la méthode rigoureuse des sciences expérimentales ou observationnelles et ne justifient en aucun cas l'énoncé de leurs thèses. C'est pourquoi, Popper qualifie le marxisme et la psychanalyse de pseudosciences. Ces deux domaines du savoir ne sont pas des sciences parce qu'ils ne se lisent pas comme des propositions qui peuvent être falsifiées plutôt que des savoirs totaux et irréfutables. Selon Popper, le marxisme et la psychanalyse devraient proposer des réfutations à leur théorie pour sortir et se démarquer de l'attitude dogmatique. Dans ce sens, Popper affirme: « *Je découvrais là une attitude totalement différente de celle, dogmatique, de Marx, Freud et Adler et davantage encore de celle de leurs disciples* »[39]. Cette thèse poppérienne place le marxisme et le freudisme au rang de pseudosciences, c'est-à-dire dans la classe des arguments non scientifiques, des déclarations religieuses qui s'imposent sans vérifications ni preuves. Popper ne s'arrête pas là, il va plus loin en estimant ceci :

> But it is more than sharp enough to make a distinction between many physical theories on the on hand, and metaphysical theories, such as psychoanalysis, Marxism (in its present form), on the other. This is, of course, on of my main theses; and nobody who has not understood it can be said to have understood my theory''[40].

Le contexte scientifique dans lequel Popper interprète le critère de démarcation, ne valide pas certains types de connaissances. Il défalque ainsi l'idée que le marxisme et le freudisme sont des savoirs scientifiques au même titre que la physique ou la chimie. Dans ce sens, il développe l'idée selon laquelle le marxisme et la psychanalyse sont des pseudosciences. Popper peut avoir raison, s'il est prouvé que la considération qu'on a du marxisme repose sur sa conception matérialiste de l'histoire. Cette conception défend l'idée selon laquelle les évènements historiques sont imbibés d'influences dues aux rapports sociaux, en l'occurrence ceux des classes sociales. Le matérialisme dialectique de Marx analyse les causes profondes des développements et voire des

---

[39] Karl R. POPPER, *La Quête inachevée*, traduit de l'anglais par Renée Bouveresse, Paris, Editions Calmann-Lévy, 1981, p. 59.

[40] Karl R. POPPER "Replies to my critics" in *The philosophy of Karl Popper, the Library of living philosophers*, edited by Paul Arthur Schilp, 1974, p. 984. Nous essayons de comprendre et de traduire cette pensée de Karl Popper de la manière suivante: « *Mais [mon critère de démarcation] est plus que suffisamment pointu pour faire une distinction entre de nombreuses théories physiques d'une part, et les théories métaphysiques, comme la psychanalyse ou le marxisme (dans sa forme actuelle), d'autre part. C'est, bien sûr, une de mes thèses principales, et de celui qui ne l'a pas comprise, on peut dire qu'il n'a pas compris ma théorie* ».

changements qui s'opèrent dans la société, en s'attachant à la description des conditions d'existence réelle et des biens de consommations des êtres humains dans l'économie capitaliste. L'erreur de Marx devient aigue à partir du moment où il présente ses travaux relatifs à l'évolution matérielle des choses comme relevant du domaine de la science. C'est l'erreur qu'Engels commet lorsqu'il s'efforce à démontrer que « *Ces deux grandes découvertes : la conception matérialiste de l'histoire et la révélation du mystère de la production capitaliste au moyen de plus-value, nous les devons à Marx. C'est grâce à elles que le socialisme est devenu une science.* »[41]

D'après la thèse de Friedrich Engels (1820-1895), la théorie du matérialisme dialectique économique traduit le marxisme comme le début du socialisme scientifique. Cela se justifie par le fait qu'Engels voit dans le marxisme l'essence d'une science dont la démonstration se dessine à partir du mode de production capitaliste que Marx lui-même présente dans *Le Capital* (1867). Aussi, pourrait-on croire que l'ingéniosité d'une telle démonstration conduit Engels à comprendre le marxisme comme la science qui prédit l'abolition des classes, notamment la classe esclavagiste et féodale, jusqu'à la fin fatale du capitalisme et, à annoncer l'avènement d'une société historique d'où disparaîtraient tous rapports d'aliénation et de domination. Nous oserions croire, à cet effet, que Karl Marx et Engels seraient donnés « corps et âmes » pour mission ultime de libérer systématiquement le socialisme de ses tendances sentimentaliste et moraliste, inspirées par Pierre-J. Proudhon. La scientificité du marxisme repose donc sur l'étude et la connaissance rationnelle de la réalité sociale et ne s'appuie pas sur une tendance métaphysique ou abstraite, comme pourrait le démontrer l'économie politique.

---

[41]Friedrich ENGELS, *Anti-Dühring*, Paris, Editions sociales, 1973, p. 56.

Quant à la psycho-analyse freudienne, Popper ne trouve aucun un indice qui pourrait lui donner les caractéristiques d'un objet scientifique. Le freudisme scientifique, défendu par Freud lui-même, procède par l'investigation et le traitement des processus psychiques ainsi que des troubles névrotiques. Ces deux procédures, éventuellement associées, traduisent une véritable nouvelle science de l'homme. Cette science des processus psychiques est présentée par Freud de la manière suivante :

> En admettant l'existence d'un appareil psychique à étude spatiale, bien adapté à son rôle, développé par les nécessités de l'expérience et qui ne produit les phénomènes de la conscience qu'en un point particulier et dans certaines conditions, nous avons été en mesure d'établir la psychologie sur des bases analogues à celle de toute autre science, de la physique, par exemple[42].

Selon Freud, la psychanalyse permet à la psychologie d'accéder au statut de sciences de la nature ou de sciences physiques, dans la mesure où le processus psychique peut être considéré comme un objet heuristique tels que le sont les phénomènes naturels observables en sciences de la nature. Freud ne considère pas la psychanalyse comme une vision philosophique du monde, basée sur des concepts théoriques éloignés des données empiriques. Il va plutôt à la construction conceptuelle psycho-analytique d'un monde réel, en parallèle avec l'analyse clinique, chimique et les sciences physiques.

Au regard de cette démonstration, on comprend que si Marx essaie de prévoir le cours de l'histoire au moyen de la connaissance précise qu'il a des causes sociales, Freud, quant à lui, relie et concilie la psycho-analyse aux sciences expérimentales. En conséquence, Marx comme Freud inscrivent leur recherche dans l'ordre de la science contemporaine. Comme telle, cette science est gouvernée par

---

[42] Sigmund FREUD, *Abrégé de psychanalyse* (1938), tradition d'Anne Berman, Paris, PUF, 1964, p. 4.

le déterminisme. Mais selon Popper, l'explication d'un évènement descriptif à partir d'un bien causal, avec une loi universelle qui le subsume comme une sorte des règles devant guider tout praticien de la recherche scientifique, ne peut être justifiée que par un ensemble de vérifications, aussi nombreuses soient-elles. C'est ainsi que le critère de démarcation étant l'unique moyen logique valide par lequel on peut confronter la théorie à l'expérience. Ce critère est considéré comme la seule rigueur logique qui, selon sa configuration méthodo-logique, ne peut jamais accepter la théorie pour toujours, mais qui veut aussi comprendre à cet égard le fait qu'elle ne reste pas fausse et, par-là, estime Popper, permet de s'assurer de la scientificité du bien causal. Mais, quand exactement une théorie est-elle scientifique ? Popper répond en adoptant un critère de démarcation qu'il associe à la falsification. Popper remplace « *à la place du dogme du sens de ses pseudo-problèmes, le critère de falsification c'est-à-dire d'une décimalité au moins unilatérale* »[43]. Dans la même optique, il précise dans *La Logique de Découverte Scientifique* qu'un critère de démarcation comme la falsification est le mieux adapté dans la science et non la vérification d'un système[44]. De là, Popper se soustrait à l'idée selon laquelle le marxisme et le freudisme sont une science, parce qu'il ne s'agirait pas seulement de penser sur le fait que les données évènementielles introduites dans l'ensemble de définitions du critère de démarcation font d'eux (marxisme et freudisme) une hypothèse scientifique. Popper s'inscrit en faux contre ces deux postures qui réclament vigoureusement la scientificité de leur théorie et donne quelques précisions à propos que

---

43 Karl R. POPPER, *Les deux problèmes fondamentaux de la théorie de la connaissance*, trad.de Christian Bonnet, Paris, Hermann, 1999, p. 445.
44 Karl R. POPPER, *Logique de la Découverte scientifique*, *op. cit.*, p. 37.

C'est au début de cette période que je poussai plus lion mes idées concernant la démarcation entre théories scientifiques (comme celles d'Einstein) et théories pseudo-scientifiques (comme celle de Marx et Freud ou Adler). Il m'apparut alors clairement que ce qui donnait une valeur scientifique à une théorie ou à un énoncé c'était sa capacité d'éliminer ou d'exclure, certains événements possibles – de défendre, ou de condamner, l'occurrence de ces événements. Ainsi, plus une théorie porte d'interdit, plus elle nous renseigne (…). Mon idée essentielle en 1919 était la suivante. Qui que ce soit, proposant une théorie scientifique, devrait tout comme Einstein, pouvoir répondre à cette question : ''quelles sont les conditions dans lesquelles j'admettrais que ma théorie est insoutenable ? Autrement dit, quels sont les faits concevables dont j'admettrais qu'ils apportent des réfutations, ou des falsifications, à ma théorie ?[45].

La conclusion de Popper est que les théories marxienne et freudienne ne sont que des théories pseudo-scientifiques, puisque la scientificité d'une théorie précède temporellement sa mise à l'épreuve. C'est là une des particularités de la falsifiabilité argumentative de Popper comme critère de démarcation différent de l'induction. Il est donc à retenir, sous cet angle, que le sens scientifique que Popper donne aux théories scientifiques ne réside pas dans des explications générales historique et sociologique du monde. C'est plutôt une prise de conscience assez noble et louable que l'épistémologue autrichien s'est fait montre pour sortir de l'appareil dogmatique, à l'image du marxisme et du freudisme qu'il considère de non scientifique. A la suite d'une critique acharnée contre le marxisme et le freudisme, Popper conteste aussi les prises de positions des philosophes et des sociologues du Cercle de Vienne comme Moritz Schlick, Philippe Franck, Hans Hahn, Otto Neurath, Herbert Feigl et Rudolf Carnap.

---

[45] Karl R. POPPER, *Les deux problèmes fondamentaux de la théorie de la connaissance*, *op. cit.*, p. 144.

Popper ne s'intéresse pas du tout au problème de la signification des théories scientifiques plutôt qu'à la question de la démarcation entre science et pseudoscience. C'est pour cette raison qu'il ne prendra pas les indicateurs de vérité comme l'aurait fait le dogmatisme vérificationnisme. Il s'intéresse plutôt aux indicateurs de fausseté en rapport avec l'inférence logique du *modus tollens*. Aussi, faudrait-il avouer que ces indicateurs de fausseté sont potentiels dans la mesure où leur ensemble traduit le contenu informatif empirique d'une théorie. Les énoncés de base qui se trouvent en contradiction avec la théorie sont virtuels. Dans cette procédure, la potentialité de ceux qui devraient la vérifier n'est pas du tout exprimée. Nous ne faisons pas ici la critique de la thèse de Popper. Nous essayons de rendre à bras le corps l'idée envisagée par philosophe en vue de répondre à cette exigence que nous nous sommes données en amont. Pour ainsi dire, c'est la meilleure façon de répondre à cette question de démarcation, car il est louable de faire intervenir Popper pour espérer avoir le contexte qu'il faut. Ainsi, dans *La logique de la Découverte Scientifique*, Popper précise ce qui suit :

> L'on qualifie une théorie d'empirique'' ou de '' falsifiable'' si elle divise, de manière précise, la classe de tous les énoncés de base en deux sous-classes non vide : celles de tous les énoncés de base avec lesquels elle est en contradiction (ou qu'elle exclut ou défend) et que nous appelons la classe des falsificateurs virtuels de la théorie et celle des énoncés de base avec lesquels elle n'est pas en contradiction (ou qu'elle ''permet''). Nous pouvons poser ceci plus brièvement en disant qu'une théorie est falsifiable si la classe des falsificateurs virtuels n'est pas vide[46].

L'idée de la falsifiabilité devient importante car, si l'on s'en tient à la division des classes de tous les énoncés de base

---

[46] Karl R. POPPER, *La Logique de la Découverte Scientifique*, *op. cit.*, p. 84.

en deux sous-classes, on saisira du concept falsifiabilité une opération logique et expérimentale qui déduit la somme de prémisses possédant des informations empiriques. Cette déduction est une conséquence logique qui approuve ou désapprouve l'énoncé. Le type de connaissances qui peut être élevé au rang des sciences est la théorie qui donne satisfaction aux règles de la déduction en vue de prouver sa fausseté. La reconnaissance de la scientificité d'une théorie est donc liée à la falsifiabilité et non à la vérifiabilité. Le contexte de vérification des énoncés soutenu par le vérificationnisme est de l'ordre de l'effectif car, Schlick aurait changé le contexte du critère de vérification suite aux critiques minutieuses de Karl Popper. Schlick redéfinit le rapport entre la vérification et la logique et pense que cela renverrait plutôt à une possibilité de vérification. La démonstration de l'hypothèse de Schlick est remise en question. Elle ne saurait cadrer avec la réalité méthodologique qui prédéfinit le mécanisme d'évaluation des théories en confrontation avec les faits empiriques. Définir la scientificité d'une théorie à partir de la réfutabilité argumentative devient, à cet effet, l'expression du progrès, d'une sorte de potentialité[47].

Popper ne s'intéresse ni à la signification des énoncés ni à la décision empirique dont la base fondamentale serait l'attitude du savant[48]. Ce dernier ne l'intéresse pas du tout, il veut plutôt aller à la déduction des méthodes scientifiques qui sont censées conduire au succès[49], car « *En science* [dit Popper], *la méthode n'est pas l'art de la manière dont on découvre quelque chose, mais une procédure par laquelle on*

---

[47]Moritz SCHLICK, « Meaning and signification '', in *philosophical review*, vol. XLV, section III, 1936, p. 351.

[48] Karl R. POPPER, *ibid.*, p. 49.

[49] Karl R. POPPER, *Les deux problèmes fondamentaux de la théorie de la connaissance*, *op. cit.*, p. 411.

la justifie »[50]. Popper est donc pour la justification des théories scientifiques, la déduction des méthodes qui conduit au succès et non aux comportements ou aux caprices des savants. Cela montre, bien évidemment, comment il jette les prémisses de la théorie de l'épistémologie sans sujet connaissant pour indiquer les objectifs du troisième monde et des objets des autres mondes (le premier monde dont les objets sont physiques et/ou matériels et le deuxième monde qui définit la présence des objets mentaux et/ou psychologiques). Les comportements ou les influences[51] des auteurs constituent les éléments du deuxième monde, alors que la production des idées, des éléments argumentatifs constitue un assemblage de productions et de reproductions qui gouvernent le troisième monde. Popper justifie la critique qu'il construit contre la méthode inductive en ces termes :

> (...) ma principale raison de rejeter la méthode inductive est précisément qu'elle ne fournit pas de marque distinctive appropriée au caractère empirique, non métaphysique, d'un système théorique ; en d'autres termes, je la rejette parce qu'elle ne fournit pas de critère de démarcation adéquat[52].

---

[50] Karl R. POPPER, *ibid.*, p. 28.

[51] Karl R. POPPER, *La Connaissance objective. Une approche évolutionniste*, Paris, Flammarion, 1991, p. 186. Aussi, peut-on le voir dans le débat que nous avions construit entre Popper et Lakatos sur l'épistémologie du sujet : entre épistémologie « avec sujet connaissant » et épistémologie « sans sujet connaissant » dans *Penser l'épistémologie non classique des mathématiques chez Imré Lakatos* (L'Harmattan 2016, pp. 95-113 ; plus précisément aux pages 104 et 105 là où nous pouvons retrouver les indications notionnelles concernant l'approche actuelle). L'intérêt de ce débat était de réhabiliter l'épistémologie avec sujet connaissant à partir des thèses antiréalistes ou intuitionnistes de Imré Lakatos.

[52] Karl R. POPPER, *La Logique de la Découverte Scientifique*, Paris, Payot, 1959, p. 30.

La marque distinctive du caractère empirique dont Popper fait allusion est un indice empirique, une marque matérielle, bref un cadre de référence empirique qui sert de référence dans l'évaluation des théories. Pour cela, Popper veut que dans la manière de procéder de chaque homme de science, qu'il y ait plus de possibilités ouvertes aux critères qui démarquent les énoncés scientifiques à d'autres jugements. Un critère qui permettrait de distinguer les sciences empiriques des sciences non empiriques, comme la philosophie spéculative ou la métaphysique, les mathématiques et la logique, donnerait lieu à un véritable problème du sens de démarcation. Cependant, en tant que problème soulevé par Hume, l'induction ne pouvait pas satisfaire les attentes de Popper. Le problème de l'induction et de la démarcation se trouve donc inclus dans tous les problèmes de la théorie de la connaissance telle que Kant[53] l'avait initié, lui qui a posé de façon philosophique le problème des fondements ou des sources de la connaissance. Cela étant, pour Popper la méthode inductive ne peut en aucun cas fournir un critère de démarcation adéquat. Ceci s'applique aussi en toute rigueur contre les aspirations empiristes et les démonstrations positivistes.

Les concepts, les notions ou les idées que font valoir les anciens positivistes dérivent de l'expérience. Seuls ces concepts, d'après eux, sont admis comme scientifique. Selon Popper, accepter le fait que les éléments d'expériences sensorielles, telles que les données des sens, les perceptions, les impressions, les souvenirs visuels ou auditifs, fournissent une connaissance rationnelle ne constituent qu'un échec méthodologique et épistémo-logique, parce que la science ne saurait être un système de concepts ou d'idées. Elle est plutôt un système d'énoncés. C'est pourquoi, accepter l'hypothèse selon laquelle tout ce qui est scientifique ne constitue que des énoncés réductibles aux énoncés d'expériences élémentaires

[53] Emmanuel KANT, *La Critique de la raison pure*, Paris, Vrin, 1976.

est une conception erronée et sans enjeu méthodo-logique. Les énoncés qui sont scientifiques ne se réduisent pas aux jugements issus de la perception sensible, des propositions atomiques ou des phrases protocolaires. Une telle procédure amène Popper à renvoyer et à comparer la thèse positiviste aux déclarations inductives, parce que l'exigence d'une logique inductive n'est pas consistante. C'est dans ce sens que Karl Popper rejette aussi bien la logique inductive que la méthode positiviste, pour espérer résoudre le problème de la démarcation.

Dans l'objection que Popper formule contre l'intuitionnisme se trouve aussi germer le rejet de la posture naturaliste. De là se fixe le problème de la démarcation car, ce problème ne peut pas être interprété comme celui auquel les sciences de la nature s'intéressent. La posture de Popper à ce niveau est claire. Il ne veut pas qu'on traite la question de la démarcation comme celle qui fait la différence entre les sciences empiriques et la métaphysique. Il n'est donc pas de l'ordre de la pensée de Karl Popper d'insérer dans cette question les considérations déplacées qualifiant la métaphysique de « conte », de « fable » dépourvu de sens. La métaphysique avec Popper est, à cet effet, loin d'être un verbiage creux, dépourvu de signification. Le caractère non empirique, dit-il, ne se trouve pas seulement parmi les énoncés métaphysiques, même certains énoncés des positivistes possèdent ce caractère.

Des expressions telles que « dépourvu de sens » ou de « signification », « vide de sens », « pseudo-problème », etc., ne font que ruiner le sens intrinsèque de la métaphysique. Ces expressions ont pour but son anéantissement pur et simple. Le critère de démarcation que Popper propose constitue une invite à l'accord ou à la convention ; un accord qui verra la participation de tous les chercheurs ayant compris l'importance de la question de la démarcation. Il faut donc, suggère Popper, soutenir l'idée selon laquelle la première tâche de la recherche de la logique de la connaissance est de fournir un tableau de concepts de sciences empiriques en vue de rendre son usage facile et de tracer rigoureusement une ligne de démarcation entre sciences « empiriques » et énoncés métaphysiques. La résolution de cette tâche de la logique de la connaissance n'est pas aussi facile. D'ailleurs, Popper lui-même déclarait que la formulation d'un domaine de définition acceptable de la notion de sciences empiriques est très complexe du fait que certaines formulations constituent une réussite, parce qu'elles sont rattachées aux systèmes théoriques reconnus avec une structure logique qui, malheureusement est identique aux formulations du système qui avaient été reconnues antérieurement, à une époque donnée, puis par la suite rejetées. C'est ainsi que Popper procédera par l'identification d'un monde approprié afin de bien mener la recherche. Les mondes logiques sont pluriels, mais Popper ne s'en tiendra qu'à un seul, le monde réel ou le monde de notre expérience que représentent les sciences empiriques et que le physicien cherche à s'en approprier fidèlement.

Pour arriver à la réalisation d'une telle démonstration, Popper précise qu'il faut distinguer trois exigences méthodologiques auxquelles le système des sciences empiriques devrait nécessairement satisfaire. La première exigence pose le système comme synthétique, pour la simple raison qu'il doit présenter un monde possible, réel et non contradictoire. La deuxième exigence pose la nécessité d'un critère de démarcation rigoureuse qui répond aux exigences empiriques et représente un monde de l'expérience et non un monde métaphysique. A ce niveau, il y a parfaitement une scission entre le monde de l'expérience et le monde métaphysique. La troisième exigence est posée en termes de distinction sémantique entre les systèmes de même nature. Il doit être le seul capable de représenter le monde de l'expérience avec plus d'informations, c'est-à-dire une charge d'informations assez élevée. Cette distinction peut servir de guide pour accéder à la complète démarcation que Popper propose contre le positivisme.

Si l'on s'en tient à ces exigences méthodologiques, on se rendra compte que c'est le test empirique qui joue maintenant le rôle de démarcation entre les systèmes du monde empirique. La déduction, de ce point de vue, prend la première place devant l'induction. La méthode déductive introduit indubitablement l'analyse et la description, telle constitue la thèse phare de Popper. Aussi, l'expérience donnera-t-elle lieu aux conjugaisons qui combinent les systèmes théoriques dans la méthode déductive en les soumettant aux tests. La science empirique se caractérise par sa forme logique et la spécificité de sa méthode. L'expérience, quant à elle, prend une nouvelle destination méthodologique dans la théorie de la connaissance. Dès lors, comment Popper distingue les systèmes empiriques ? Le test empirique dont on a mentionné ci-dessus possède-t-il une signification ? Il faut donc voir comment Popper déroule la question de la démarcation et le concept qu'il met en exergue pour illustrer sa thèse.

Popper met en crise le critère de démarcation inhérent à la logique inductive et au dogme positiviste. Ces deux tendances peuvent décider de façon définitive de la fausseté et/ou de la vérité d'une théorie. De ce fait, la thèse de Schlick et celle de Weismann sont rejetées car, on ne peut déterminer en avance la véracité d'un énoncé et encore moins le vérifier de manière concluante. Les théories ne peuvent pas être vérifiées empiriquement, pense Popper. Dans la conception poppérienne « *(...) un système n'est empirique ou scientifique que s'il est susceptible d'être soumis à des tests expérimentaux. Ces considérations suggèrent que c'est la falsifiabilité et non la vérifiabilité d'un système, qu'il faut prendre comme critère de démarcation.* »[54]

[54] Karl R. POPPER, *ibid.*, p. 37.

La falsifiabilité comme critère de démarcation est une nouvelle posture méthodologique qui démontre que n'importe quel système de la science empirique mérite d'être réfuté par l'expérience. Le rejet de la signification comme critère au profit de la falsifiabilité suggère une attaque contre l'utilisation de la notion de signification et voire de cette doctrine. La falsifiabilité sépare deux espèces d'énoncés absolument doués de significations ou de sens, en l'occurrence les énoncés falsifiés et non falsifiés (ceux qui ne sont pas falsifiables). Les falsifiables possèdent une particularité scientifique dans la mesure où ils donnent toujours un horizon sémantique rempli d'informations, susceptibles d'être testées tandis que les non falsifiables ressemblent aux énoncés qui sont composés d'un foncteur de vérité binaire et peuvent ou ne pas être considérés comme empiriques.

L'auteur évoque une discontinuité sur la forme logique des énoncés universels entre la vérifiabilité et la falsifiabilité. En effet, cette discontinuité est fondée sur une asymétrie qui montre qu'il n'y a pas correspondance de forme, de position entre les deux critères de démarcation. Définissant un grand écart méthodo-logique entre les deux, cette asymétrie montre que la falsifiabilité prend une position supérieure à la vérification. Cette asymétrie dont Popper fait allusion constitue également une objection face à la thèse conventionnaliste ; car, dit-il « *Ma proposition d'adopter la falsifiabilité comme critère nous permet de décider du caractère empirique d'un système théorique, ne peut manquer de soulever les objections. En soulevant, par exemple, ceux qu'influence l'école de pensée connue sous le nom de « conventionnalisme* »[55].

Les thèses des principaux représentants de l'école conventionnalisme ont été remises en crise. Par exemple

---

[55] Karl R. POPPER, *ibid.*, p. 76.

Poincaré, Duhem et Eddington posent le problème de l'expérience cruciale qui, de toute évidence, sera rejeté par Popper au profit de la falsifiabilité. Duhem par exemple, écrit Popper, n'accorde pas assez d'importance aux expériences cruciales parce qu'il les prend pour des vérifications. La confrontation qu'il a eue avec Popper ne lui donne pas la possibilité de faire asseoir sa pensée à cause de sa référence à la méthode inductive. Pour Popper, il est possible de considérer les expériences cruciales non pas au sens inductive, mais comme faisant partie des falsifications. Ainsi, la méthode qui est mise en évidence, c'est la déduction et non l'induction.

L'implémentation de cette démonstration nous donne le sens logique et épistémologique de la falsifiabilité qui d'ailleurs, dans le sillage de Popper, constitue en elle-même un critère de démarcation qui a pour but de déterminer le caractère empirique d'un système d'énoncés. De ce fait, il faut passer à l'étape qui consiste à introduire des règles déterminant les conditions nécessaires pour falsifier un système d'énoncés. Autrement dit, à quelles conditions un système doit être falsifié ? A cela, Popper souligne qu'on ne peut concevoir une théorie comme falsifiable dans le seul cas où l'on peut éventuellement accepter des énoncés de base qui sont en contradiction avec eux-mêmes. La falsification d'une théorie doit être élargie pour qu'elle devienne suffisante. Ainsi, Popper affirme en ces termes :

> (...) nous ne reconnaissons la falsification que si une hypothèse empirique d'un niveau d'universalité peu élevé décrivant un effet de type est proposée et corroborée. L'on peut appeler cette espèce d'hypothèse une hypothèse falsifiante.
> La nécessité pour l'hypothèse d'être empirique et par-là falsifiable signifie seulement qu'elle doit être dans un certain rapport logique avec les énoncés de base possibles. Cette condition concerne donc la seule forme logique d'hypothèse[56].

[56] Karl R. POPPER, *ibid.*, p. 85.

Ce texte déduit qu'à ce niveau la falsification n'est possible que lorsqu'une thèse empirique, à caractère universel faible, c'est-à-dire une thèse qui a une faible charge empirique prédisant un fait nouveau trouve un obstacle, une objection face à une autre réalité existante. Popper prend comme illustration l'existence d'un ensemble de corbeaux noirs dans un monde X. Pour falsifier cet énoncé, il est nécessaire qu'on retrouve dans le même monde une famille de corbeaux blancs. Le test chez Popper devient intersubjectif dans la mesure où il prend en compte les contenus informatifs de chacune des théories pour les soumettre à une rivalité théorique et empirique. La base empirique est donc le cadre de référence qui permet à l'expérimentateur d'inférer la somme d'informations que véhicule une théorie. Ainsi, Popper montre la nécessité pour une hypothèse d'être empirique afin de rendre possible les conditions de sa falsification. L'hypothèse falsifiée ou falsifiable doit être dans un rapport logique avec les énoncés singuliers non contradictoires ayant, du point de vue poppérien, une forme logique déterminée.

Les énoncés de base, selon l'ordre que Popper donne, sont constitués en deux phases. La première phase consiste à jouer le rôle de système d'énoncés de base logiquement possible pour caractériser la forme des énoncés empiriques. Une fois qu'on ait connu la forme des énoncés empiriques, on déclasse les énoncés métaphysiques, mathématiques et logiques qui ne peuvent pas faire l'objet de falsification. La seconde consiste à accepter ces énoncés de base pour en constituer la préférence de toutes formes de corroboration d'hypothèses. A ce titre, les énoncés de base acceptés falsifient toute théorie qui rentre en contradiction avec eux ; d'où la falsifiabilité en tant que critère démarque non seulement la science de la pseudoscience, mais aussi les énoncés empiriques des énoncés mathématiques et logiques.

Soulignons que chez Popper, le progrès scientifique est l'objectif primordial comme chez la plupart des hommes de science. Ainsi, son souci majeur est de lutter pour la croissance de la rationalité scientifique. Dès lors, nous assistons à une nouvelle perspective qui revendique aussi bien la réhabilitation de la philosophie que son importance. A la question épineuse de la démarcation entre la philosophie et la science, Popper donne sa position vis-à-vis des considérations des positivistes logiques. Popper est celui qui a d'abord eu, nous l'avions mentionné précédemment, un regard critique sur le positivisme ou l'empirisme logique. D'ailleurs, Jacques Monod en préfaçant *La Logique de la Découverte Scientifique*, nous fait remarquer que Popper construit une épistémologie qui va à l'encontre de la vision philosophique du Cercle de Vienne ou du positivisme logique. Selon Monod, Popper l'a jugé d'une épistémologie insuffisante sinon stérilisante[57] parce qu'elle ne croit pas que les vraies questions ne peuvent pas être problématisées que par et/ou dans la philosophie elle-même. Autrement dit, les vraies questions sont celles qui s'imposent elles-mêmes à l'homme en tant que sujet pensant et réagissant. Popper ne veut pas distinguer la philosophie de la science parce que, dit-il, les deux ont le même objet de recherche. En d'autres termes, la science et la philosophie luttent pour déchiffrer l'énigme en vue d'appréhender le monde et de le rendre clair. Dans cette perspective, Popper écrit : « Je *ne m'intéresse à la science et à la philosophie que parce que je souhaite apprendre quelque chose au sujet de l'énigme qui constitue la connaissance que l'homme a de ce monde* »[58].

---

[57] Cf. Jacques MONOD, Préface de *La Logique de la Découverte Scientifique*, Paris, Payot, 1973, p. 1.
[58] Karl R. POPPER, *La Logique de Découverte Scientifique*, Paris, Payot, 1973, p. 19.

À en croire Popper, les scientifiques et les philosophes luttent pour une seule et même cause, notamment l'énigme que constitue la connaissance que nous avons de cet univers, l'énigme à connaître – le monde – devient alors ce qui réunit et unit tous les hommes qui pensent. C'est en cela que réside l'intérêt de la philosophie et de la science. Puisque les deux veulent, à tout prix, contribuer à l'étude et à la compréhension du monde. Celui-ci devient l'objet commun de la connaissance des hommes qui pensent, même si chacun l'interprète à sa manière, du moins c'est le même monde. Les scientifiques donneront une certaine interprétation qui leur convient dans une sphère bien déterminée, les philosophes aussi donneront, par à rapport à leur vision des choses, une explication particulière, mais au bout du compte c'est le même monde qui est interprété de diverses manières[59]. Finalement, y a-t-il un problème qui intéresse tous les hommes qui pensent ? Dans la préface à l'édition anglaise de 1959, Karl Raimund Popper s'intéresse à cette noble question. C'est ainsi qu'il donne sa position en ces termes : « *Je crois personnellement qu'il y a au moins un problème qui intéresse tous les hommes qui pensent. C'est le problème de la cosmologie : le problème de comprendre le monde, nous-mêmes et notre connaissance en tant qu'elle fait partie du monde.* »[60]

Nous découvrons bien le problème auquel les philosophes et les scientifiques s'intéressent et s'informent mutuellement. Par exemple lorsque les scientifiques tentent

[59] Nous pensons ici à l'interprétation des rapports philosophie-science que Marcel Nguimbi présente dans *La catégorie de l'espace chez Descartes,* lorsqu'il dresse la relation de double implication logique du philosophe dans l'activité du scientifique et vice versa, chacun étant complémentaire de l'autre, pp. 27-28.

[60] Marcel NGUIMBI, *La catégorie de l'espace chez Descartes, Pour une épistémologie non classique de la physique,* Préface du Professeur Charles Zacharie Bowao, Paris, L'Harmattan, 2011, p. 12.

de comprendre le mouvement circulaire des étoiles, des planètes dans leur orbite, nous constatons que ce monde n'est pas différent de celui auquel les philosophes posent leurs questions. En effet, l'unicité du monde comme objet de réflexion pour tous les hommes qui pensent, confirme l'idée que la philosophie est aussi importante dans la croissance de la connaissance scientifique et ne peut pas être séparée de la science. La thèse de Popper réhabilite la philosophie au rang des sciences et lui donne toute la caractéristique du statut scientifique. La posture épistémo-logique que Popper dégage contre les positivistes logiques ou les analystes du langage qui croient avoir mis en évidence une méthode particulière devant servir de fondement à la philosophie, laisse entrevoir le contexte éthique de la dimension scientifique.

La critique philosophique qui engendre la contradiction montre le sens de la mise à l'épreuve rationnel que le critère de démarcation exige des autres discours. L'exigence de rigueur philosophique donne lieu à une attitude non dogmatique. Ainsi, la philosophie se démarque des autres discours à caractère mythique, dogmatique ou religieux. S'agissant de la méthode, Popper donne une liberté « heuristique » aux philosophes et hommes de science. Pour lui, les philosophes sont autant libres que d'autres hommes de science de pouvoir utiliser dans leurs investigations de la vérité, n'importe qu'elle méthode[61]. Popper ne réduit pas la recherche de la vérité à une seule méthode plutôt qu'à la possibilité utile et multiple d'utilisation ou d'usage méthodologique pluridisciplinaire et pluridimensionnelle.

Dans ce même ordre d'idées, Sémou Pathé Guèye estime que les objections de Popper ont changé la vision que Carnap avait bien avant. Ce dernier était obligé de revoir sa démarche et peut être renoncé à sa conception qui louait la généralisation des définitions. Les définitions n'étant pas applicables à tous les cas particuliers, l'amène à concevoir

---

[61] Marcel NGUIMBI, *ibid.*

l'idée suivante : « *L'objet quelconque x est dit soluble dans l'eau si, pour tout temps t, il se dissout lorsque plongé dans l'eau. Cette définition est valable dans le cas par exemple où l'objet x est le sucre, mais nullement dans le cas d'une allumette de bois déjà consommé* »[62]

Le critère de vérification ruine donc toute la science lorsqu'il élimine la philosophie et la métaphysique. Car, vouloir construire un langage unique de la science est en réalité une pensée illusoire[63], et tenter d'exclure la philosophie au profit du langage de la science, c'est courir le risque de retomber dans la métaphysique[64] et cela est sans espoir. Mais, Popper vient redonner un statut scientifique à la philosophie et rejette radicalement la conception épistémologique des positivistes logiques et surtout du Cercle de Vienne. Dans ce contexte, Popper récuse donc la façon dont l'empirisme logique tranche le problème de la méthode philosophique[65].

Il peut donc être nécessaire de récuser l'approche de l'empirisme logique qui soutient que la science repose sur l'observation et l'induction. Nous imaginons comment ce débat a pris de l'ampleur autour des années 1920, mais qui aurait des racines depuis l'approche baconienne[66] qui annonçait déjà que la philosophie et la science demeuraient davantage suspendues dans le vide et qu'il était indispensable qu'elles s'appuient sur des fondements solides d'une

---

[62] Sémou P. GUEYE, « Le statut épistémologique de la philosophie chez K. Popper, à travers sa critique de la problématique empirique logique de l'éliminabilité de la métaphysique » in *Epistème,* P.U.D., n°3, mai 1992, p. 72.
[63] Sémou P. GUEYE, *Epistème, ibid.,* p. 73.
[64] Sémou P. GUÈYE, *ibid.*, p. 71.
[65] Sémou P. GUÈYE, *Epistème, ibid.,* Ch. : I, p. 74.
[66] Francis BACON, *Novum Organum,* Paris, PUF, 1986, p. 64.

expérience variée et bien posée. D'ailleurs, Hegel[67] l'a reconnu quand il confirme l'accès à la logique inductive par Francis Bacon. Selon lui, on a toujours déclaré solennellement que Bacon est celui qui a découvert la véritable source de la connaissance, à savoir l'expérience. C'est ainsi qu'on le place en premier dans la voie empirique du savoir.

Malheureusement, Popper s'oppose à cette approche et s'il faut envisager le rejet de la philosophie, il faudrait considérer comme pseudo-scientifiques toutes les théories de la physique moderne qui sont spéculatives et abstraites, à l'instar de la physique newtonienne et de la théorie de la relativité d'Albert Einstein[68]. Cela ne peut être accepté en aucun cas dans l'approche poppérienne. En dépit de toute démarche épistémo-logique récusant la philosophie pour l'établissement d'un critère de scientificité, Popper en propose aussi un, celui de falsifiabilité ou de réfutabilité argumentative. Comme nous l'avions dit précédemment, la falsifiabilité est un critère de démarcation et du progrès scientifique qui distingue ce qui est scientifique de ce qui ne l'est pas. D'ailleurs Popper en a proposé la réfutabilité comme critère de démarcation permettant de décider du caractère empirique d'un système théorique.

Les critiques de Popper vont à l'endroit des empiristes comme David Hume et les empiristes logiques qui abordent les problèmes de la source de la connaissance. Popper estime que ces questions ne sont pas de nature épistémologique. Car, aucune connaissance ne provient des organes de sens ou de l'expérience sensible. Les connaissances qui en découlent sont temporelles et ne possèdent rien de scientificité. C'est ainsi que dans le chapitre VI de *La Logique de la Découverte*

---

[67]F. HEGEL, *Leçons sur l'histoire de la philosophie*, Tome VI, la philosophie moderne de Francis Bacon, aux lumières, tradition française, Paris, Vrin, 1985, p. 1265.
[68] Sémou P. GUEYE, *ibid.*

Scientifique, il montre le degré de falsification[69] pour faciliter la sélection des théories scientifiques parmi les pseudos. On peut donc retenir que la position de Popper à ce sujet est claire, à partir du moment où nous comprenons que le vrai problème n'est pas celui de la distinction entre les énoncés doués de sens et ceux dépourvus de signification. Le problème, au contraire, est celui de savoir comment à l'intérieur du langage logique lui-même, ces deux types d'énoncés peuvent-ils, d'une manière effective, coexister. A partir de là, la science ne relève plus de la démarche catégorico-déductive, mais plutôt de la méthode hypothético-déductive et peut se traduire de façon conventionnelle. La tendance à vouloir fonder la science sur l'empirisme et la traductibilité des énoncés en langage observationnel au moyen de l'induction et des règles de la syntaxe logique est naïve.

Au regard de cette thèse poppérienne, l'importance est de pouvoir constater qu'en dépit des efforts conceptuels dont le philosophe antiochien à fait montre, le critère de démarcation entre science et pseudoscience ne trouve pas satisfaction aux yeux de Lakatos. La tendance en est que ce dernier va élargir le contexte définitionnel de la méthodologie falsificationniste pour sortir de la macro définition que Popper donne. Car, si l'on doit considérer la démarcation selon la vision de Popper, la falsifiabilité n'est applicable qu'à une théorie isolée et non à une série de théories. Ainsi, la réfutabilité ne peut pas prouver la validité d'une théorie plutôt que sa fausseté et s'attache de façon inéluctable à la base empirique d'un côté, et de l'autre, au verdict de l'expérimentateur. Dès lors, nous allons tenter de prendre la démonstration de Lakatos à partir de sa construction épistémique des programmes de recherche scientifiques et de sa constitution épistémologique. Ainsi, la falsification

---

[69] Karl R. POPPER, *ibid.*, p. 112.

méthodologique de Popper connaitra un élargissement et une modification logique et sémantique.

I.4. Lakatos et le défi de la démarcation

La question de *''science''* ou de *''pseudoscience''* ne relève que, selon Lakatos, de l'intérêt que les scientifiques ont pour leurs théories et, pour le Cercle de Vienne, un moyen de ne pas reconnaître la scientificité des autres domaines de recherche. Lakatos n'introduit pas un critère de la vérité, mais, il pose le problème en termes de méthodologie des programmes de recherche scientifiques sans en avoir jamais privilégié quelques-uns au détriment des autres (programmes). Pour relever ce défi, Lakatos tente de revisiter les différents programmes de recherche qui essaient de reconstruire rationnellement la science.

Dans *The Role of Crucial Experiments in Science,* Lakatos[70] distingue trois approches majeures sur la question généralisée de la démarcation. Il y a d'abord à proprement parler un critère de démarcation proposé par quelques courants logico-mathématiques, notamment les probabilistes, les justificationnistes, les falsificationnistes et la méthodologie des programmes de recherche scientifiques que Lakatos lui-même introduit. Cette approche regroupe des épistémologues comme Karl Popper, Bertrand Russell, Rudolf Carnap, Caünbaun, Imré Lakatos, etc. Elle revendique en science la démarche rationnelle et critique, en repositionnant la démarche de la science la plus expérimentée et la plus rigoureuse. Autrement dit, il est question de la philosophie contemporaine des sciences qui a pour objectif

---

[70] Imré LAKATOS, « The Role of Crucial Experiments in Science », The International Colloquium on *The Meaning and Role of Philosophy and Science in Contemporary Society*, Pennsylvania State University, Sept. 1971, p. 344.

d'apprécier rationnellement les résultats scientifiques, de s'interroger sur la genèse du savoir, sa nature et sa portée. Dès lors, cette approche peut poser la question de savoir : quand commence et finit la science ? Où est-elle ?

La deuxième approche[71] est celle qui récuse toute rigueur logique et rationnelle. Elle affirme qu'il ne peut y avoir un critère universel de démarcation pour décider de la conduite scientifique. Tous les problèmes en science ne peuvent pas être traités de la même manière. Chaque cas mérite d'être revu et résolu à partir de ses propres mérites. Cette approche est effectivement soutenue par G. Polanyi et Thomas Samuel Kuhn[72]. C'est ici que s'affirme une philosophie de la découverte qui reste dans la pratique de la science qui ne se dit pas explicitement. Selon Polanyi et Kuhn, ce qui est important en science n'est ni la rigueur logique ni la démonstration rationnelle, encore moins l'expérience ou l'expérimentation, mais plutôt les croyances, c'est-à-dire ce à quoi les scientifiques adhèrent. Les croyances ne peuvent pas être analysées et expérimentées parce qu'elles font partie de la connaissance tacite. Autrement dit, l'histoire des sciences repose sur des croyances et que même la science elle-même est précédée par les croyances.

La toute dernière approche est celle qui refuse la supériorité d'un paradigme ou d'une théorie sur une autre et, qu'il est insensé de croire qu'une théorie est scientifique et que l'autre ne l'est pas, faute de méthode. Cette démarche introduit un relativisme culturel scientifique en récapitulant à peu près les tendances sceptiques par le fait même qu'elle tente toutefois de prouver qu'il n'y a rien d'autres en science

---

[71]Imré LAKATOS, *ibid.*

[72] Thomas S. KUHN, « Logic of Discovery or Psychology of Research ? », Imré LAKATOS and Alan MUSGRAVE (dirs), *Criticism and growth of Knowledge*, New York, Cambridge, Cambridge University Press, 1970, pp. 1-23.

que de la réciprocité des points de vue. Elle semble alors soutenir le mouvement contemporain antiscience dans la mesure où elle retrouve son expression la plus critique et la plus articulée dans l'anarchisme méthodologique de Paul Karl Feyerabend[73]. Bien qu'il définisse la science à partir de la rationalité, Feyerabend pense qu'elle n'est pas l'émanation d'une méthode quelconque. C'est ici qu'il développe subtilement une position relativiste, parce qu'il y a des choses en science qui sont interdisciplinaires. Dans *Tuer le temps*, Feyerabend pense qu'on ne peut pas juger ce qui n'est pas scientifique à partir de ce qui est scientifique. Cette position implique *ipso facto* ce qu'on appelle le pluralisme de la découverte. Aussi, dans *Contre la méthode*, Feyerabend pense qu'on ne peut pas parler d'universalité de méthode ou de méthode unique en science. Cela définit l'orientation de sa pensée par la célèbre formule qui s'énonce comme un principe fondamental dans sa philosophie des sciences, à savoir *any thing goes* (« tout est bon »)[74]qui signifie que dans une situation particulière un type de choses qu'on n'a pas déterminé à l'avance peut faire l'affaire, car la solution aux problèmes en science varie selon les circonstances.

Prenons le cas de certains hommes de science qui résolvent le problème de démarcation à partir du principe de croyance, c'est-à-dire ceux qui fondent leurs principes de la connaissance en ce qu'ils croient fortement. Nombreux sont ceux qui se sont égarés dans des croyances absurdes. Lakatos ne donne pas assez des détails dans ce type de connaissances parce que l'histoire des sciences elle-même n'accorde pas aussi assez de crédits dans les forces de croyances. Cependant, si ces dernières étaient considérées comme le levier de la connaissance ultime, l'on devrait tout de même se référer à certaines formes de connaissance, à l'instar des

---

[73] Paul K. FEYERABEND, *Contre la méthode*, Paris, Seuil, 1979, pp. 23-25.
[74] Paul K. FEYERABEND, *ibid.*, p. 25.

mythes, des *contes*, des *fables* et des *proverbes*. Mais, les scientifiques n'accordent pas du tout assez d'importance à ces formes de connaissance d'autant plus qu'ils sont très rigoureux vis-à-vis des théories scientifiques et des méthodologies qu'ils défendent eux-mêmes ; même si par ailleurs certains d'entre eux s'engagent aveuglement à défendre une théorie parce qu'ils l'estiment évidente. Ils oublient qu'une déclaration plausible peut être aussi considérée comme pseudo-scientifique et, une autre, peut-être dans la condition la même condition, peut être prise pour quelque chose d'envergure. D'où chez Lakatos, il faut séparer la valeur scientifique[75] d'une théorie de son influence psychologique sur les hommes.

La valeur scientifique d'une théorie est requise par l'ensemble de méthodologies, de méthodes, de principes et des normes qui gouvernent cette science. Tandis que la croyance, l'influence psychologique, l'engagement et la compréhension constituent des états mentaux et touchent l'esprit ou le mental de l'homme. La valeur scientifique d'une théorie fait intervenir l'optique de l'objectivité d'une théorie indépendante de l'esprit ; d'où l'objectivité d'une théorie dépend de son rapport avec les faits. Dans ce sens, Lakatos plaide pour la thèse ultime de l'épistémologie réaliste qui soutient si fermement le rôle de l'expérience a postériori. Le raisonnement scientifique de type réaliste démontre, à ce sujet, la confrontation des théories avec les faits. Ainsi, les théories sont confrontées aux faits. Cependant, Lakatos se questionne si l'inverse pouvait être possible, c'est-à-dire si les faits pouvaient être confrontés aux théories.

---

[75]Imré LAKATOS, « The Role of Crucial Experiments in Science », The International Colloquium on *The Meaning and Role of Philosophy and Science in Contemporary Society*, Pennsylvania State University, Sept. 1971.

Les logiciens inductifs établissent la distinction des théories scientifiques des pseudo-théories. A cet effet, la logique inductive démarque la science des autres connaissances non scientifiques en mettant au profit la probabilité des différentes théories. D'après Lakatos, les logiciens inductifs soutiennent l'idée selon laquelle la probabilité mathématique d'une théorie n'est scientifique que lorsqu'elle possède un degré supérieur. Mais, Lakatos rejette cette hypothèse inductive et pense que la probabilité d'une théorie haute ne peut pas toujours faire l'objet d'une théorie véritablement scientifique. La science ne peut pas se distinguer de la pseudoscience par le simple fait qu'elle soit haute, selon le principe de probabilité. La scientificité d'une théorie ne réside ni dans la probabilité haute, ni dans les théories pauvres ou faibles. Selon Lakatos, seul le critère de démarcation que propose Popper est considéré comme le mieux adapté. Effet, Popper estime qu'une théorie peut être scientifique même s'il ne possède pas des évidences en sa faveur. La thèse de Popper est remarquable à ce niveau. Elle introduit un élargissement méthodologique de la découverte. La scientificité ou non d'une théorie peut être ainsi déterminée indépendamment des faits. Ceux-ci deviennent ce que la théorie peut précéder et l'annoncer avec anticipation[76], comme l'estime Imré Lakatos. La qualité scientifique réside donc d'après Popper, dans le fait qu'elle est disposée à prédire des expériences cruciales ou des observations auxquelles peut être réfutée une pseudo-théorie qui est incapable de spécifier au moins un falsificateur potentiel. Mais dans une certaine mesure, cette posture poppérienne ne convainc pas Lakatos qui, de toute évidence, pense que cette théorie de démarcation prévaut l'expérience cruciale pour

---

[76] Cette anticipation méthodologique n'est pas inscrite dans l'ordre de la procédure réaliste dont Popper fait la promotion. Elle rentre plutôt dans la compréhension antiréaliste de l'évaluation des théories ; d'où Lakatos à ce niveau cesse d'être réaliste et devient antiréaliste.

démarquer la science de la pseudoscience. Lire la science en ces termes, c'est faire une mauvaise lecture de l'histoire des sciences. Les marxistes, par exemple selon les poppériens, ne sont pas des scientifiques à moins qu'ils spécifient les faits observés qui les ont conduits à abandonner le marxisme. Aussi, faudrait-il comprendre que le refus d'une telle procédure par le marxisme revenait à le classer parmi les pseudosciences. Le « poppérisme » exige dans ce sens la spécification des conditions observables qui permettraient de réfuter une théorie au sein d'un système. Sous cet angle, le « poppérisme » remet à zéro le degré de probabilité de n'importe quel nombre de témoignages.

Ce « poppérisme » est bien évidemment remarquable. Cependant, Lakatos pense qu'elle n'est toujours pas la solution au problème de démarcation entre science et pseudoscience. Le critère de démarcation de Popper ignore la ténacité des théories scientifiques, estime Lakatos. Ce n'est pas parce que les faits contredisent une théorie qu'on devrait l'abandonner. Selon Lakatos, les scientifiques inventent toujours quelques hypothèses de secours pour expliquer les anomalies ou les contre-exemples. Les anomalies sont des instances récalcitrantes qui empêchent le scientifique d'avancer. Elles ne sont pas du tout des réfutations. De fait, Lakatos[77] soutient que la théorie newtonienne de la gravitation, de la relativité de Einstein, du quantum magnétique de Planck, du marxisme et du freudisme peuvent être tous des programmes de recherche scientifiques, chacun avec une caractéristique fortement défendue qui s'identifie à une ceinture de sécurité imposante. L'on apprend dans ce contexte que la question de la démarcation ne répond plus aux astuces probabilistes, inductivistes, réfutationnistes, conventionnalistes, justificationnistes ou vérificationnistes, mais au contexte des programmes de recherche scientifiques, c'est-à-dire ce ne sont plus des théories scientifiques qu'il

[77]Imré LAKATOS, « The Role of Crucial Experiments in Science », *ibid.*

faut évaluer mais, ce sont plutôt des programmes de recherche scientifiques. Un programme de recherche ne se caractérise pas de façon singulière par rapport aux autres. Un programme possède toujours, d'après Lakatos, des hypothèses auxiliaires au sein d'une ceinture électrique ou protectrice.

S'il est possible d'accepter le fait que tout programme de recherche prédit des faits fictionnels inconnus, alors il faut aussi reconnaître des programmes qui les ont réalisés. Mais, Lakatos montre que le marxisme et le freudisme en tant que programme de recherche n'ont prédit aucun fait fictionnel, bien qu'ayant soutenu certaines prédictions célèbres, mais sans succès. Selon Lakatos, le marxisme ne prédisait rien de scientifique ou ce qui pourrait s'assimiler à la rigueur scientifique, si ce n'est pas la description de l'appauvrissement de la classe ouvrière. Une révolution ouvrière socialiste qui devrait connaître son point de chute dans les sociétés industrialisées les plus développées. Le marxisme prédisait qu'il n'y aura plus des conflits d'intérêts dans la société socialiste et que la fin de toute société sera la société communiste où personne ne sera supérieure à l'autre, il n'y aura ni maître ni esclave, une société ouvrière sans patron. Ainsi, l'achèvement de l'histoire de l'humanité est la réalisation de la société sans classe : c'est la société communiste d'où Marx est parti pour expliquer la révolution de la classe ouvrière. Le programme de recherche de Marx est, selon Lakatos, un échec parce qu'il se contente de prédire des faits socio-historiques. Il explique fidèlement Berlin en 1953, Budapest en 1956, la première révolution industrielle Russe, etc. En réalité, les hypothèses auxiliaires du programme de recherche de Marx étaient toutes préparées après l'événement pour protéger la théorie marxiste issue des faits historiques et prétendre qu'elle prédit aussi des inédits. Mais un véritable programme de recherche, selon ce qu'envisage Lakatos, prédit des faits nouveaux et précède l'expérience ou l'observation.

On constate que ce problème engendre des tumultes, des dissensions au cœur de la philosophie contemporaine des sciences. Même les partisans du Cercle de Vienne, soutenant la conception de Reichenbach dans la mise en place d'une idée rationnelle de la science, ne fait qu'affirmer la vision de la philosophie traditionnelle. Dans une telle posture, la justification est une étape finale de la science. Elle devient la valeur de vérité parce qu'elle a la capacité de dire le vrai scientifiquement. C'est en cela que les tenants du Cercle de Vienne avaient introduit le critère de vérifiabilité. Cependant, les auteurs comme Anouk Barberousse, Max Kistler et Pascal Ludwig ont aussi montré, dans la même optique, la position de l'épistémologue Steven Shapin[78] sur le rôle de la *confiance* dans l'établissement des connaissances scientifiques. Ils expliquent que la notion de *confiance* se trouve au cœur des travaux de Shapin, car toute activité scientifique ou sociale repose toujours sur une relation de *confiance*. Du fait que les scientifiques prennent au sérieux les préceptes méthodologiques acceptés dans certains traités, cela définit le caractère fonctionnel de l'institution scientifique et des relations interpersonnelles sur lesquelles on peut fonder la *confiance*. La *confiance*, de ce point de vue, peut être considérée comme un moyen par lequel les scientifiques arrivent à déduire d'une hypothèse qu'elle est vraie ou fausse. N'est-ce pas là une définition à la kuhnienne[79] ? Une attitude qui demande aux scientifiques de s'accorder explicitement ou implicitement sur le type des travaux qui convient pour mener à bien la recherche en vue

---

[78] Steven SHAPIN cité par Anouk BARBEROUSSE, Max KISTLER et Pascal LUDWIG, *La philosophie des sciences au XXe siècle*, Paris, Flammarion, 2000, pp. 183-185.

[79] Thomas S. KUHN, *La Structure des Révolutions Scientifiques*, Paris, Flammarion, 1973.

de décider sur les conditions auxquelles on peut maintenir les théories en vigueur en situation de fécondité, afin qu'elles permettent de rendre compte de plusieurs phénomènes et demeurent dans la période de science normale. Le problème qui est en jeu dans cette perspective, relève des divergences qui naissent au sein de la philosophie contemporaine des sciences et de la philosophie de la découverte. Les uns et les autres, étant d'obédiences différentes, donnent une position qui reflète l'école dans laquelle ils étaient formés et surtout décident à partir de la vision qu'ils se font du progrès scientifique.

Concernant la question de la justification, comme contexte opérateur dans lequel la science est définie, on estime qu'il est possible de promouvoir la rationalité au détriment de toute autre chose en science. Cependant, justifier une théorie, c'est avoir la capacité de dire qu'elle est vraie ou fausse. Il est, à cet effet, nécessaire de posséder au sein du système un critère qui satisfait les attentes doctrinales et qui permet de distinguer les choses telles qu'elles se présentent. C'est donc le problème de critère et de la base empirique qui se pose comme question, notamment celle de savoir ce qui peut justifier les résultats de la science. Si Lakatos soutient, dans une certaine mesure, la thèse poppérienne sur la falsifiabilité comme critère de démarcation entre ce qui est scientifique et ce qui ne l'est pas, les positivistes logiques et les empiristes ne restent pas pour autant indifférents.

Si la science chez Popper et Lakatos est non inductive et rationnelle, alors chez Rudolf Carnap, la croissance de la science est inductive et rationnelle. Les énoncés doivent être justifiés directement par l'expérience sensible ou l'observation pour enfin fournir une base ultime à la science. David Hume, quant à lui, ne s'inscrit pas sous cet angle, il interprète le progrès scientifique comme une œuvre inductive et irrationnelle. C'est donc le même problème de la base empirique qui met en discussion les notions telles que l'*induction* et la *déduction*, le *rationnel* et l'*irrationnel*. Sous cet angle, l'on se pose la question de savoir si la science était de l'ordre de la déduction ou de l'induction. Les thèses sont controversées. Seulement, on s'en tient à la thèse que donne Lakatos par rapport au problème que l'on s'est posé. Ainsi, c'est à partir d'une formulation lakatossienne que l'on déclenche le débat. D'après Lakatos :

> Les justificationnistes voudraient que les théories scientifiques fussent prouvées avant même d'être publiées ; les probabilistes espéraient qu'une machine indiquerait en un éclair la valeur d'une théorie (son degré de confirmation) (...) les tenants du falsificationnisme naïf espéraient que l'élimination, au moins, était le résultat immédiat du verdict de l'expérience[80].

Cette énonciation montre à suffisance qu'il y a véritablement un problème du sens de la rationalité. Les justificationnistes ne réduisent pas la rationalité à autre chose qu'à l'acte de prouver une théorie. Ils pensent que l'unique moyen d'en mériter ramènerait la connaissance à s'accorder avec la Nature. Ce type de connaissance doit être jugé par des règles, des normes issues de la méthode scientifique ou rationnelle et non de la théologie. Grâce aux faits, les justificationnistes, les probabilistes et les falsificationnistes pensent pratiquer, prouver, modifier ou rejeter chaque assertion : c'est ici que se trouve le critère d'un statut scientifique d'une théorie. A partir de là, la science devient un type de discours qui ne peut pas être accepté si au préalable il ne répondait pas aux normes de la rationalité et de la logique. Les théories non approuvées par les faits sont vues dès cet instant comme pseudoscience. La logique inductive par exemple permet de certifier que les probabilités de plusieurs assertions peuvent être définies selon la disponibilité du témoignage. Mais, la suggestion de Lakatos à

[80] Imré LAKATOS, *Histoire et méthodologie des sciences, op.cit.,* p. 124.

propos est la suivante : « *Il the mathematical probability of a theory is high, it qualifies as scientific ; if it is slow or even zero, it is not scientific. Thus the hallmark of scientific homesty would be never to say anything that is not at least highly probable.* »[81]

Lakatos ne partage pas cette démonstration mathématique probabiliste de la science parce que même la probabilité élevée d'une théorie peut être celle la plus éloignée de la réalité ou de la connaissance. Le principe d'évidence dans la théorie de probabilité ne peut pas être un critère de scientificité, car une théorie peut bien être scientifique même lorsqu'il n'y a pas d'évidence en sa faveur. Peu importe le degré de témoignage de la probabilité mathématique d'une théorie, le degré de témoignage est toujours zéro par rapport à la connaissance. Les faits ne sont toujours pas des éléments scientifiques de rigueur à travers lesquels on devrait juger la scientificité ou non d'une théorie, pour la simple raison qu'elles (les théories) sont indépendantes des faits. Comme nous l'avions montré précédemment, après avoir discuté le critère de scientificité selon les probabilistes et les justificationnistes, Popper introduit à son tour un critère de démarcation le plus adapté à la recherche scientifique.

Cependant, Lakatos[82] pose la question suivante : est-ce que le critère de falsifiabilité de Popper est la solution au problème de la démarcation entre science et pseudoscience ? Sa réponse est négative. Car, en dépit de la ténacité qu'a fait montre ce critère de Popper, Lakatos estime que les scientifiques restent toujours insensibles aux critiques et attachés à leur critère. Ils n'abandonnent pas leurs théories

---

[81]Imré LAKATOS, « Science and pseudoscience », G. Vesed (ed.), Philosophy in the Open, 1974h.

[82]Imré LAKATOS, « Science and pseudoscience », Philosophy in the Open, 1974h.

parce que les faits les contredisent. Ils avancent toujours des alibis pour sauver leurs programmes de recherche. Les scientifiques prennent parfois certaines hypothèses de secours pour mieux expliquer ce qu'ils appellent une simple anomalie[83].

Même la thèse critériologique qui place au premier rang méthodologique la preuve de la théorie n'a pas été admise par le scepticisme. La tendance scepticiste[84] octroie à la connaissance un caractère purement négatif. Selon le scepticisme, la connaissance n'est autre qu'une croyance animale et, croire en elle n'est que le résultat d'un sentiment humain qui tend vers un « penchant animal ou pathologique », c'est-à-dire l'homme confond la connaissance au sentiment. De ce fait, il n'existe pas à proprement parler une connaissance ; en clair, la connaissance prend chez les sceptistes une connotation mystique. D'où la connaissance scientifique devient une simple imagination, un simple espoir et le progrès, à défaut de l'inexistence, est irrationnel. Rien donc ne doit faire, dans l'optique du scepticisme, l'objet d'une vérité parce qu'elle n'existe pas à proprement parler. Tout est réduit au doute radical et à l'improductif. Si cela est ainsi conçu, il est important de répondre à la question suivante : qu'est-ce qui

---

[83] Ce qu'ils appellent une « simple » anomalie vient de la tendance de vouloir minimiser l'anomalie en science et de faire croire qu'aucune anomalie ne peut ruiner la théorie ou la faire chuter. C'est pourquoi, les scientifiques n'aiment pas les anomalies. Pourtant un programme de recherche fonctionne et progresse en supprimant au fur et à mesure les différentes anomalies, mais les gardiens de la vérité se comportent comme des détenteurs de la connaissance dans sa forme totale et, les méthodes qu'ils possèdent sont tellement formidables qu'elles leur permettent d'accéder à la compréhension totale de l'Univers.

[84] Moritz SCHILCK, *Théorie générale de la connaissance*, Traduit de l'allemand et présenté par Christian Bonnet, Paris, Gallimard, 2009, pp. 39-40.

prouve que ceci ou cela est de la connaissance scientifique ? A ce propos, Lakatos écrit :

> (…) the history of thought shous us that many people were totally committed to absurd beliefs. If the strengths of beliefs were a hall mark of knowledge, we should have to rank some tales about demons, angles, devils, and of heaven and hell as knowledge[85].

Mais, ce genre d'argument ne donne aucune conviction de croire en un seul instant que ce qui n'est pas de l'ordre de la prouvabilité peut être aussi considéré comme une connaissance, ou encore de penser qu'une déclaration qui s'impose de façon injonctive peut faire l'objet d'une connaissance scientifique, lorsqu'elle s'échappe à la vérification, à la falsification ou à la concurrence discursive et prend la forme d'un crédo ou d'un dogme. Lakatos explique que les scientifiques de leur côté s'accordent sur le fait de rester scientifique ou rationnel au sein de leurs domaines de prédilection à toute sorte de déclaration, même les plus emblématiques. Pour preuve, pendant longtemps les scientifiques considéraient la théorie d'Isaac Newton comme la plus adaptée, mais lorsque la plus belle illustration de la physique atomique sur la relativité restreinte/générale d'Albert Einstein avait fait son écho, les canons de tir de la théorie de la gravitation avaient été supplantés. Le débat qui oppose Albert Einstein, Niels Bohr et W. Heisenberg[86] (Heisenberg introduit la théorie de l'incertitude) est aussi un exemple typique qui montre que l'engagement aveugle à s'attacher fermement à une théorie scientifique n'est pas une vertu intellectuelle, pense Lakatos.

Nous en convenons que la plausibilité et la clarté d'une théorie déclarative ne garantissent pas toujours sa

---

[85]Imré LAKATOS, « Science and pseudoscience », Philosophy in Open, 1974h.

[86]Werner HEISENBERG, *Physique et philosophie, la science moderne en révolution*, Paris, Albin Michel, 1971.

scientificité, mais peuvent être considérées comme de pseudoscience. Une théorie peut s'affirmer de quelque manière que ce soit, théoriquement et/ou empiriquement, à partir de son contenu face à une autre. Sa valeur cognitive est l'expression de son affirmation, de son interprétation qualifiante, de son adaptation ingénieuse et de son génie qui la rendent compétitive et la propulsent vers l'avant, ainsi elle devient autoritaire. A en croire Lakatos : « *The cognitive value of a theory has nothing to do with its psychological influence on people's minds.* »[87] Lakatos ne s'intéresser pas aux problèmes relatifs à la divinité, à la croyance ou à la superstition des théories ou des affirmations pour la simple raison qu'ils (les problèmes) ne contiennent rien de rationnel ou de méthodologie, de preuve-démonstration mathématique[88] ou logique. A la lumière de ce débat, l'on se rend compte que « *toutes les théories sont improuvables* »[89] et incertaines, alors que les justificationnistes voudraient bien qu'elles le soient, c'est-à-dire les théories doivent être nécessairement prouvées, parce que la preuve est construite dans le but d'établir la validité de l'hypothèse. La science comme l'œuvre de la justification est remise en cause. Même le néo-justificationnisme avec Rudolf Carnap[90] est radicalement anéanti en dépit de son critère de vérification[91].

---

[87]Imré LAKATOS, *ibid.*

[88] Fabrice MOUSSIESSI, *Penser l'épistémologie non classique des mathématiques chez Imré Lakatos*, préface du professeur Marcel NGUIMBI, Paris, L'Harmattan, 2016.

[89]Imré LAKATOS, *Histoire et méthodologie des sciences*, Paris, P.U.F., 1994, p. 124.

[90]Cf. Rudolf CARNAP cité par F. REVENC, « L'importance et la syntaxe du langage », *Philosophie anglo-saxonne* (Michel MAYER), Paris, P.U.F, 1994, p. 215.

[91] A propos Rudolf CARNAP écrit : « *Ce sont des affirmations conjointes – l'une sur les preuves sensorielles en faveur des énoncés scientifiques l'autre sur l'origine de la signification linguistique – qui constituent le sens du principe de vérification compris de manière empiriques, c'est-à-*

L'attachement à l'expérience empirique prémunit l'expérience logique du verbalisme creux, de l'erreur. La science, c'est donc suivre ce qui est objectif[92] comme critère et non ce qui est abstrait ou métaphysique, telle est méthodologiquement l'application de l'esprit positiviste avec Auguste Comte.[93]

Récapitulant un peu le contexte de ce débat pour mieux la circonscrire. Rappelant que Sandre Laugier[94] montre aussi la position de Wittgenstein et de Rudolf Carnap sur le critère de signification. Ainsi, un énoncé n'est accepté comme scientifique que lorsqu'il est doué de sens. Dans *Tractatus logico-philosophicus*, Wittgenstein[95] écrit que la science ne rassemble que l'ensemble d'énoncés vrais ou justifiés. Même Pierre Jacob stipule que le critère de vérifiabilité a été mentionné par Wittgenstein quand il « *avait suggéré que les vérités logiques et mathématiques se ramènent à des tautologies* »[96]. Cette suggestion, nous l'avions présentée en amont, est soutenue vigoureusement par les partisans du positivisme logique dans l'élaboration syntaxique des propositions et dans la distinction des énoncés doués de sens de ceux dépourvus de signification. Dans la même

---

dire sous le Babel : « théorie vérificationnisme de la signification ». », cité par Revenc, *Ibid.*, p. 216.

[92] L. KOLAKOWSKI, *La philosophie positiviste*, Paris, Danoël/Gonthier, 1976, p. 10.

[93] Auguste COMTE, *Catéchisme positivisme*, introduction de Pierre Arnaud, Paris, G-Flammarion, 1966, p. 16.

[94] Sandra LAUGIER, *Signification et incommensurabilité : Kuhn, Carnap, Quine,* Paris, Centre Sèvres, Archives de philosophie, 2003/4, Vol.66, pp. 486-487.

[95] Ludwig WITTGENSTEIN, *Tractatus logico-philosophicus*, Paris, Flammarion, 1961, p. 51.

[96] Pierre JACOB, *De Vienne à Cambridge*, Paris, Gallimard, 1980, p. 15.

perspective, Mawusse Kpakpo Akue Adotevi[97] enseigne que chez Wittgenstein la proposition est un modèle de la réalité. Il y a, selon lui, entre le langage et le monde une parfaite liaison qui mentionne la correspondance dans la multiplicité logique entre les éléments figurants dans la proposition et les objets même de la réalité qu'ils sont sensés décrire. La science est, selon Wittgenstein, le résultat d'un langage articulé dans la représentation de la nature.

Dans la démonstration de la réalité scientifique, Frege a aussi montré que la logique offre une démarche plus commode lorsqu'il s'agit de démontrer les différents univers de la vérité. Il écrit : « *La démonstration la plus solide et parfaite est celle qui est purement logique* »[98]. En introduisant le raisonnement logique comme méta-théorie au cœur des sciences formelles dont les mathématiques sont la principale, Frege montre l'importance du langage formulaire, à savoir la '*Begriffschrift*' comme un langage logiquement pur. C'est aussi dans cet élan méthodologique que W. A. Bertrand Russell[99] formule une méthode dont le dessein est d'unifier les sciences grâce à leur base des données empiriques régulées par le langage physique. Ce langage devient un ensemble d'énoncés ayant une relation sensible ou empirique entre le langage et la perception d'une part et, d'autre part, entre le sujet connaissant et la réalité immédiate ; d'où l'idée d'une logique pure ou nouvelle. Mais, Sémou Pathé Guèye[100] n'a-t-il pas montré que Rudolf

---

[97] M. K. Akue ADOTEVI, « vérité et proposition » (pp.75-97), Mahamadé SAVADOGO, *Revue Internationale de Philosophie. Le Cahier Philosophique d'Afrique*, N 009, P.U.O., 2010, p. 82.

[98] L.-F.-G. FREGE, *L'idéographie,* traduction, préface, notes et index par Corine Besson, postface de Jonathan Barnès, Paris, Payot, 1999, p. 5.

[99] Bertrand. RUSSELL, *La méthode scientifique en philosophie*, Paris, Payot, 1986, p. 7.

[100] Sémou P. GUEYE « Le statut épistémologique de la philosophie chez K. POPPER à travers sa critique de la problématique empirique » (pp. 65-80), *Epistémè*, revue sénégalais d'histoire, sociologie, philosophie des

Carnap avait changé d'avis sur son critère de signification suite aux objections faites par Karl Popper ? Bien sûr, Carnap était obligé de revisiter sa méthodologie. Cela va de même pour la falsifiabilité de Popper qui démontre qu'une théorie n'est falsifiable que lorsqu'elle présente des caractères empiriques. Dans la section 31 de *La Logique de la Découverte Scientifique,* Popper soutient que le contenu empirique d'une théorie croît avec son degré de falsification. Il est indispensable que le degré de falsifiabilité soit une recommandation logique pour faciliter la sélection des théories.[101]
C'est pourquoi, il affirme que c'est la falsifiabilité et non la vérifiabilité qu'il faut accepter comme critère de démarcation.[102].

Cependant selon Lakatos, que ce soit la preuve pour les justificationnistes, le témoignage pour les probabilistes et la réfutation pour les falsificationnistes, ce qui est en jeu c'est le problème de la base empirique, d'autant plus que même les vérificationnistes cherchent aussi une base empirique cruciale pour vérifier la scientificité d'une théorie. Mais, l'angle de la connaissance ou du progrès scientifique que Thomas Kuhn[103] propose ne peut pas être requis par les hommes de science du fait qu'il contient des tendances de croyances et des considérations religieuses. Les scientifiques veulent que leurs théories soient honorées et respectées avec un statut scientifique mérité.

---

sciences et technique, Presses Universitaires de Dakar, N 3, mai, 1992, p. 72.

[101] Karl POPPER, *La Logique de la Découverte Scientifique,* Paris, Payot, 1973, p. 112.

[102] Karl POPPER, *Ibid.*, p. 37.

[103] Thomas S KUHN, « Logic of Discovery or Psychology of Research ? » In *Criticism and growth of Knowledge* (dir) Imre LAKATOS and Alan MUSGRAVE, New York, Cambridge University Press, 1970.

Pour Kuhn, la science qui n'évolue que par changement de paradigme ne produit qu'une révolution irrationnelle. Aucune recherche scientifique ne peut prévoir dans le temps et dans l'espace la dégénérescence d'un paradigme. Puisqu'il est ainsi constaté, le progrès scientifique qui surprend d'ailleurs toute la communauté savante n'a jamais été l'effort d'une formule mathématique où d'une hypothèse expérimentale quelconque. L'on ne recevra de la science que des surprises, des inattendus favorables ou défavorables renversant les multiples axes de recherche déjà explorés et jusque-là jugés performants. Et, si les paradigmes sont incommensurables, il y a donc discontinuité opératoire et dynamique entre les théories. Comparer le contenu informatif d'un paradigme avec un autre revient à confondre le but pour lequel ils étaient construits et ignorer le fait que les deux paradigmes sont incommensurables du point de vue de leur objet d'investigation. Il n'y a donc rien de logique, de rationalité ou de méthodologie dans la manière dont les théories s'affaiblissent face aux nouvelles questions énigmatiques. L'affaiblissement d'une théorie face au problème actuel nécessite une nouvelle organisation psychologique dans la construction des nouveaux outils. Ce mouvement dynamique de la nouvelle conceptualisation produit un nouveau son, un rythme inconditionnel et indépendant de la volonté de qui que ce soit ; d'où le progrès scientifique chez Thomas Kuhn est irrationnel et le changement est psychologique.

Lorsqu'un paradigme change de configuration fonctionnelle et ne résiste plus aux exigences qui sont en jeu, l'on observe chez Kuhn la difficulté pour un scientifique d'accepter la révolution et de s'attacher à un nouveau paradigme. Il y a des conséquences d'ordre méthodologique ou procédural lorsqu'on abandonne un paradigme pour adhérer à un autre. A partir de là, l'on sous-entend que la notion de paradigme n'est pas si simple chez Kuhn pour des raisons multiples, notamment pour des raisons de conditions, de contradictions et de propriétés. C'est ainsi que pour adhérer à un paradigme, il faut nécessaire sacrifier un certain nombre de conditions. C'est ce qui se lit dans la postface de 1969 de *La Structure des Révolutions Scientifiques*, lorsque Kuhn analyse le paradigme comme un agrégat de propriétés diverses et contradictoires. A ce niveau, la complexité paradigmatique se déchiffre au moyen de trois dimensions essentielles que comporte le paradigme. Ces dimensions fonctionnent comme des exigences ou des conditions, à savoir que pour adhérer à un paradigme, il faut impérativement s'approprier de certains contenus théoriques, se soumettre à certaines normes ou règles de la recherche scientifique, etc. Cela signifie qu'on n'adhère pas à un paradigme si on ne connait pas les lois, les normes qui gouvernent ce domaine – mathématiques, physique, biologique, etc. –. Les scientifiques doivent être à l'écoute de la science de leur temps. Mais la thèse de Kuhn sera partiellement acceptée par Lakatos qui voit dans le progrès scientifique un arsenal des contre-exemples qui causent parfois les bouleversements scientifiques. C'est ainsi que l'histoire des sciences avait été interprétée de plusieurs manières, ce qui avait donné lieu à une mauvaise interprétation du véritable statut des théories.

A cause de plusieurs interprétations sur le véritable statut d'une théorie, Lakatos voit deux formes de falsificationnisme méthodologique. Cela n'exclut pas toujours, entre ces deux formes, le problème de la base empirique, puisqu'il est question d'indiquer le critère le mieux adapté qui convaincrait tous les scientifiques ou savants. Lakatos cherche déjà à s'éloigner des postures poppériennes. C'est d'ailleurs pour cela qu'il caractérise le falsificationnisme de dogmatique et de méthodologie naïve. Il est dogmatique par le fait qu'il considère d'abord et avant tout la connaissance ou les théories comme totalement faillibles. Autrement dit, toutes les théories souffrent de quelques insuffisances. La faillibilité des théories est la preuve par laquelle les théories sont reconnues comme scientifiques. Cependant, étant faillibles, les théories conservent leur base empirique[104] qui s'avère infaillibles, c'est-à-dire qu'un énoncé singulier – ou une observation – doit au moins réfuter une théorie ou un énoncé universel. La théorie peut faillir sauf sa référence ou sa base empirique ; d'où elle trouve ses limites devant les phénomènes naturels. En d'autres termes, une observation peut prouver la fausseté d'une théorie. La fameuse base empirique ne peut être remise en cause, par conséquent, le falsificationnisme dogmatique est incapable de réfuter les énoncés métaphysiques à cause de leur caractère irrationnel. Ce qui ressort de cette analyse, c'est le bannissement lakatossien du fameux falsificationnisme dogmatique, une « *doctrine de la preuve par observation (ou par expérience)* ».[105] En d'autres termes, les falsificationnistes dogmatiques peuvent être considérés comme des naturalistes[106] ou des réalistes catégoriques.

Les rapports théorie-base empirique semblent être complexes du fait qu'il est difficile de préciser les différentes sortes d'astuces qui concourent à l'interprétation ingénieuse de la nature. Cela renforce la thèse de Lakatos qui atteste que les bases de la formation de l'esprit scientifique sont erronées parce que les théories ne peuvent être ni prouvées ni réfutées encore moins vérifiées ; par conséquent, la fameuse base empirique n'existe pas du tout en tant que telle à cause de la faillibilité des propositions théoriques ou factuelles. La thèse de Lakatos, dans cette optique, consiste à montrer que la base empirique d'une théorie n'est toujours pas rassurante et ne mentionne toujours pas ce qu'il faut pour garantir la véracité d'une théorie. Lakatos rejette l'idée d'une expérience cruciale

---

[104] Imré LAKATOS, *Histoire et méthodologie des sciences, op. cit.*, p. 7.
[105] Imré LAKATOS, *ibid.*., p. 10.
[106]Imré LAKATOS, *ibid.*, p. 7.

potentielle possible pour supplanter l'ancien programme de recherche au profit du niveau. Cela laisse entendre sans ambivalence le refus du naturalisme et l'affirmation de l'anti-naturalisme et l'antiréalisme.

Après avoir saisi l'acception justificationniste et naturaliste, Lakatos remet aussi en cause les thèses du falsificationnisme méthodologique qu'il qualifie de conventionnalisme[107]. Le falsificationnisme méthodologique exige que le chercheur précise exclusivement à l'avance sa base empirique et construit ses critères de sélection. Conséquemment, la réfutation pour le falsificationnisme méthodologique n'implique pas le refus automatique à la différence du falsificationnisme dogmatique ou naïf. Il est évident que ces deux approches ne reçoivent pas le développement de la science parce qu'une fois que la théorie est rejetée, elle ne donne aucune indication méthodologique au chercheur sur la démarche à suivre. Même si quelque part le falsificationnisme méthodologique chez Popper prend le courage de rompre avec cette certitude de la base empirique en la considérant comme faillible. En réalité, c'est toujours la critique que Lakatos formule à l'endroit de Popper. Il essaie, en effet, de saisir les insuffisances méthodologiques de l'appareillage poppérien de la science.

Outre cela, Lakatos distingue deux sortes de conventionnalisme, à savoir celui qui est pour la connaissance « passiviste » et l'autre est pour la connaissance « activiste »[108]. Selon Lakatos, les passivistes s'identifient directement à l'empirisme classique[109]. Mais, Lakatos ne

---

[107]Imré LAKATOS, *ibid.*, p. 20.

[108] Imré LAKATOS, *ibid.*

[109]L'empirisme classique renvoie à la doctrine qui soutient que notre esprit à la naissance est vide de toute connaissance, c'est lorsqu'il sera en contact avec le monde ambiant ou la nature qu'il imprégnera quelques connaissances venant de l'extérieur ou du monde sensible. Cf. John Locke, *Essai sur l'entendement humain*, trad. par Pierre Costa,

compte pas Popper parmi les passivistes. Il le considère plutôt comme un activiste dans la mesure où sa démarcation des conceptions logico-empiristes fait éclairer sa pensée. Cela laisse à comprendre que c'est l'homme ou l'esprit qui va vers le monde au moyen des théories qu'il élabore en vue de l'interpréter.

Il se révèle que Lakatos qualifie Popper d'activiste révolutionnaire du fait qu'il donne la possibilité de remplacer le cadre conceptuel[110], que nous appelions ici « *pré-idées* », demeurant en nous et qui peuvent faire l'objet d'un dogme si l'on ne prend pas des mesures acerbes pour les remettre en crise. En d'autres termes, cette position d'activiste révolutionnaire a des répercutions méthodologiques sur des relations que Popper aurait tissées avec d'autres épistémologues, à l'instar de Brathwaite. La thèse poppérienne selon laquelle nous créons des théories, nos prisons, comme le dit Lakatos, et nous sommes de même susceptibles de les déconstruire à partir de la critique pour en rebâtir d'autres, a été vivement soutenue par R. Brathwaite[111] ; d'où la théorie évolue par essais et erreurs[112].

Cependant, si Kuhn a raison, il n'y a donc pas de démarcation explicite entre la science et la pseudoscience. Il n'y a pas non plus de différence entre le progrès et la destruction. Mais quel critère peut-on estimer adapter ? Dans ce chaos méthodo-logique, Imré Lakatos croit trouver le remède. Ainsi, il écrit : « *In the last few years I have been*

---

présentation, dossier et notes par Philippe Hamou, Paris, Librairie Générale Française, 2009, 1014 p.

[110] Imré LAKATOS, *ibid.*, p. 20.

[111] B. BRATHWAITE cité par Imré LAKATOS, *Histoire et méthodologie des sciences*, *op. cit.*, pp. 9-28. Cependant, Brathwaite pense que le processus de réfutation d'une hypothèse scientifique est plus compliqué qu'il n'apparaît à première vue. Cf. p. 20.

[112] Karl R. POPPER, *La Connaissance objective, Une approche évolutionniste*, Traduction intégrale de l'anglais et préface par Jean-Jacques Rosat, Paris, Flammarion, 1991, p. 59.

advocating a methodology of scientific research programme, which solves some of the problems which both Popper and Kuhn failed to solve. »[113]

Suivant cette thèse, il est probable que Lakatos soutienne, à la suite de Popper, une méthodologie qui paraît nouveau dans la classification des critères de démarcation, notamment la méthodologie des programmes de recherche scientifiques. Cette nouvelle construction méthodologie rejette le fait que les critiques soient adressées aux hypothèses isolées. De même qu'un jugement[114] trivial et erroné ne peut pas fonctionner comme une assertion scientifique, de même que la science ne constitue pas simplement le jugement et l'erreur, des conjectures et des réfutations. Popper oublie qu'un programme de recherche scientifique est toujours protégé des réfutations par une vaste ceinture de sécurité des hypothèses auxiliaires. D'après Lakatos, les réfutations à perpétuité ne valent rien en science parce que le progrès scientifique signifie aussi arrêt temporel des réfutations et acceptabilité de certaines règles. C'est dans ce sens que Lakatos évoque l'idée d'une heuristique positive qui constitue en elle-même une force magnétique puissante qui révolutionne les problèmes de la science. Elle possède,

---

[113] Imré LAKATOS, « Science and Pseudoscience », philosophy in the Open, 1974h.

[114] LAKATOS critique Popper d'avoir introduit en science des jugements sans fondement. Il pense, à cet effet, que : « *''All swans are white'' may be falsified by the discovery of on black swan. But such trivial trial and error does not rank as science.* » *Idem.* Ceci est la réponse à la thèse de Popper qui fait mention du rejet de la thèse inductive déduisant que tous les corbeaux sont noirs à partir d'un seul corbeau noir. L'assertion est rejetée selon Popper lorsqu'elle rencontre une autre qui dit le contraire. Cf. *La Logique de la Découverte Scientifique.* La thèse déductiviste soutenue par Popper à des fondements empiriques qui ne satisfont pas toujours le contexte dans lequel la proposition a été affirmée et n'intériorise pas les capacités prédictives qui peuvent aller au-delà du jugement et de la base empirique.

selon Lakatos, des techniques mathématiques sophistiquées capables de canaliser les anomalies qui tentent de porter atteinte au progrès et, la capacité de transformer ces anomalies en une évidence « positive ». C'est pourquoi, dans un programme de recherche scientifique progressif, la théorie mathématique conduit à la découverte des faits fictionnels inconnus, nouveaux.

La rationalité qui traduit les révolutions scientifiques se définit dans le fait que les scientifiques s'attachent toujours au programme de recherche progressif. La révolution n'est donc pas irrationnelle comme l'estime Thomas Kuhn, elle est plutôt rationnelle. Les scientifiques peuvent aussi s'attacher au programme qui dégénère, tout en essayant de les translater en programme progressif et adapté. Cependant, selon Lakatos la rationalité exprimée par les programmes de recherche scientifiques est loin d'être imminente parce qu'un programme peut prendre des décennies avant qu'il ne soit adapté par l'expérimentateur. La critique, de ce point de vue, ne consiste pas à éliminer rapidement la théorie faible, mais plutôt de la translater en une autre théorie efficace qui concurrencera la première. La critique est donc constructive et non négative comme le soutiennent les réfutationnistes. L'idée de croire que les révolutions scientifiques sont brusques ou circonstancielles et provoquent des changements irrationnels est à rejeter dans l'optique de Lakatos. Il écrit à propos : « *On close inspection both Popperian crucial experiments and kuhnian revolutions turn out to be myths : what normally happens is that progressive research programmes replace degenerating ones.* »[115]

Si Lakatos considère l'expérience cruciale de Popper et la révolution scientifique de Kuhn comme des mythes, c'est parce que sa méthodologie des programmes de recherche constitue démonstrativement un progrès, c'est une théorie qui

[115] Imré LAKATOS, Science and Pseudoscience, *ibid.*

progresse théoriquement et remplace celle qui dégénère. D'ailleurs, pour mieux cerner le rôle de l'expérience dans la science, Imré Lakatos pose la question suivante : « *Exactey how and what do we learn about scientific théories from experiment ?* »[116] Cette question illustre systématiquement le rapport entre les théories et les expériences cruciales. Elle veut aussi exprimer une opposition quand il doit s'agir de savoir s'il existe une base empirique cruciale.

La position de Lakatos est surprenante dans la mesure où il estime que l'apprentissage d'une théorie ne repose pas essentiellement sur l'expérience, comme pouvait le croire un réaliste. Le fait d'accepter ce réalisme naïf, certains scientifiques ont une raison de plus de croire qu'ils apprennent plus et même mieux que les autres. Pourtant le nombre immense des expériences ne certifie pas toujours une connaissance authentique et claire. Et il ne doit pas surtout s'agir de toutes les classes des expériences. La classe inductive proclame autre chose, notamment une rigueur, un degré supérieur de la connaissance telle qu'une expérience de base, induisant certaines lois de la nature, constitue ce qu'il y a de mieux pour valider une théorie. Les mathématiciens qui invalident la thèse inductiviste, voient autre chose dans la force de l'expérience cruciale. Au lieu d'une méthode inductive en science, ils choisissent de préférence la démarche déductive. Ce qui est vrai, c'est que ni les inductivistes ni les déductivistes ne se servent de l'expérience[117] pour apprendre la vérité d'une théorie, plutôt que pour la déclarer fausse. Dès lors, l'on ne peut refuser de penser que leur but ultime est de rejeter la théorie au moyen des faits.

---

[116] Imré LAKATOS, « The Role of Crucial Experiments in Science » in *History and Philosophy of science*, vol.4, No4, Cambridge University Press, 1974, p. 344.

[117] Imré LAKATOS s, *ibid.*

Mais, la position de Lakatos est sans détour. Car, il est superflu d'adhérer à une conception soutenant l'idée selon laquelle certaines théories peuvent s'avérer fausses au moyen de l'expérience. L'expérience ne nous apprend que sur des théories fausses. Si tel est le cas, pourquoi une telle obsession peut rivaliser les opinions dans tous les domaines de la science et prendre ainsi de l'autorité ?

Le problème de la rationalité en mathématiques et en philosophie des sciences regorge plusieurs interprétations qui s'inscrivent dans la quasi-totalité des domaines scientifiques. Parmi celles qu'on aurait prises pour poser le problème fondamental de notre thèse, il y a, nous l'avons souligné, le problème de la base empirique. L'on se demande s'il existe réellement une base empirique qui jugerait ou justifierait les résultats de la science. Les points de vue, à ce sujet, s'entrecroisent de manière que les réalistes et les naturalistes soutiennent une thèse et les antiréalistes en soutiennent une autre. Cela donne quand même l'opportunité à Imré Lakatos d'argumenter en ces termes : « *Crucial experiments' in the falsificationist sense do not exist : at best they are honorific titles conferred on certain anomalies long after the event when one programme has been defeated by another one.* »[118]

Si l'expérience cruciale n'est qu'un titre honorifique, alors on ne voit pas ce qu'il y a de rationalité ou d'objectivité dans un espace où la base empirique des théories n'existe pas. La base empirique n'ayant pas de fondement rationnel, n'existe pas et devient un simple alibi pour les théoriciens. Selon Lakatos, aucune expérience cruciale décrite par une base empirique de déclaration ne peut être acceptée pour rejeter une théorie. Une base de déclaration n'est aussi cruciale que pour rendre inconsistant un autre programme. La

---

[118] Imré LAKATOS, « *The Role of Crucial Experiments in Science* », The Internetional Colloquium on *The Meaning and Role of Philosophy and Science in Contemporary Society*, *op. cit.*, p. 350.

base empirique n'est qu'un alibi que certains théoriciens emploient pour élever certaines théories et rejeter d'autres. Dans cette perspective, les « conjectures et réfutations » et le « trial and error » de Popper qui fonctionnent à partir du jugement par hypothèse suivi de l'erreur dénoncée par l'expérience constituent un échec. Car, selon Lakatos :« *A theory can only be eliminated by a better theory, that is, by one which has excess empirical content over the corroborated content of its predecessors, some of which is subsequenthy confirmed.* »[119]

La première théorie ne doit pas être falsifiée dans le sens orthodoxe du terme, c'est-à-dire dans le sens traditionnel. La falsification devient de ce fait dépendante des contenus empiriques, par lesquels un programme se démarque des contenus corroborés de ses prédécesseurs ultérieurement confirmés pour dire ce qu'ils n'ont jamais jusque-là affirmé. La conséquence est que le progrès de la science et son apprentissage sont constitués des exemples et preuves à travers lesquels le contenu est vérifié et non falsifié. Lakatos choisit la vérification des contenus de préférence à la falsification. Ainsi, lorsqu'on vérifie les exemples d'un programme de recherche scientifique et qu'on arrive à en déceler les faiblesses, Lakatos estime qu'on peut les modifier grâce à l'heuristique positive. C'est donc l'heuristique positive d'un programme de recherche scientifique qui motive le chercheur.

Dans *La Logique de la Découverte Scientifique*, Karl Popper démontre que les théories ne sont pas basées sur les faits, mais ce sont les faits qui les éliminent, et Grünban soutient efficacement cette thèse. La question paraît alors quelque peu paradoxale dans la mesure où les épistémologues du XVIIIe, XIXe et XXe siècle présentent les théories comme si elles étaient en conflit, en duel avec les faits. L'histoire des sciences serait donc, à cet effet, un cinéma

---

[119]Imré LAKATOS, *ibid.*

auquel on assiste à une série de duels entre la théorie et l'expérience, et seuls les faits sortent vainqueurs. Popper croyait avoir bien trouvé la réponse à la question de la démarcation lorsqu'il introduit le critère de falsifiabilité. Mais, Lakatos stipule que son méta-critère de démarcation de la rationalité – en dépit de son efficacité par rapport à d'autres critères proposés par les probabilistes, les justificationnistes, etc. – peut aussi être rejeté. Il soutient, à cet effet, que « *The falsificationist demarcation criterion can indeed be easily 'falsified' by shouwing that is the light of this meta-criterion the best scientific achievements were unscientific and that the best scientists, in their greatest moments, broke the falsificationist rules of science.* »[120]

La version sophistiquée du falsificationnisme que Lakatos développe exige aux scientifiques – théoriciens mathématiciens, physiciens, etc. – de spécifier en avance les conditions expérimentales du rejet de ses suppositions, même les plus audacieuses. Cependant, l'exigence d'établir des critères de démarcation avant de publier l'information est un signe que Popper avait construit son exigence méthodologique sur des bases observationnelles. Dans ce sens, observer renvoie inéluctablement à la réfutation. Mais au-delà de l'observation, Lakatos se demande s'il n'est pas possible de trouver une réponse clinique, c'est-à-dire celle qui est liée à la quintessence psychanalytique et qui réfuterait les satisfactions des analystes. Malheureusement, pense-t-il, la réponse est loin d'être probable et prévisible.

Au regard de cette discussion, l'on estime que la question de démarcation entre *science* et *pseudoscience* a eu des conséquences non scientifiques dans l'histoire de la pensée. Même l'église catholique en 1616 pouvait prendre l'audace de juger les résultats de la science à partir des

---

[120]Imré LAKATOS, « The Role of Crucial Experiments in Science », The Internetional Colloquium on *The Meaning and Role of Philosophy and Science in Contemporary Society*, *op.cit.*, pp. 347-348.

critères non scientifiques, des pseudo-critères. Elle a par exemple rejeté Nicolas Copernic et sa théorie. A cela, l'église avait-elle le droit d'approuver ou de désapprouver les faits ? Avait-elle le pouvoir de juger une théorie de scientifique ou de pseudo-scientifique ? C'est tout simplement une ignorance de la part de l'église, une confusion et une compréhension erronée sur le fait de n'avoir jamais su distinguer les domaines de recherche de prédilection et faire la différence d'une part entre la foi et la raison ou la science, et d'autre part entre le culte, l'adoration et l'expérience et/ou l'expérimentation (recherche scientifique). La conséquence de cette confusion ecclésiastique est l'établissement d'un critère malhonnête et irrationnel à partir duquel, pense Lakatos, on décide que ce qui est scientifique est publiable et ce qui est pseudo-scientifique est non seulement impubliable mais aussi répréhensible. Galilée[121] n'a-t-il pas été puni pour des raisons non scientifiques ? C'est en cela que l'épistémologue hongrois pense que la question de la démarcation entre *science* et *pseudoscience* regorge des implications éthiques et politiques. Des problèmes anti-scientifiques pénètrent l'espace scientifique et influence la raison humaine qui est censée rompre avec des tendances religieuse, dictatoriale et impérialiste qui l'affaiblissent souvent, l'assujettissent et l'aliènent.

Si l'on s'en tient à l'ordre du débat, il est important de souligner que la question se pose ici en termes de méthodologie. Cela signifie que la construction d'un algorithme explicatif doit arriver à son achèvement, notamment il faut regarder au sein de la méthodologie des programmes de recherche scientifiques d'Imré Lakatos, comment la rénovation méthodologique peut donner sens et valeur à la science. Le fonctionnement des programmes de

---

[121] GALILEE, 1632, *Dialogue sur les deux grands systèmes du monde*, traduction par René Frereux et François de Grandt, Paris, Seuil, 2000.

recherche doit être de ce fait illustré d'autant que sa complexité constitutive est encore jusque-là inconnue.

Au-delà des controverses qui naissent à l'intérieur de la philosophie contemporaine des sciences et de la philosophie de la découverte, Lakatos se range du côté de Popper en dépit des différends qui se font ressentir au niveau de leurs sources d'obédience ou doctrinales – Lakatos discute à partir des lunettes antiréalistes ou intuitionnistes subjectifs tandis que Popper discute à partir d'un regard réaliste et empiriste – et de certains points théorico-pratiques qui les distinguent. Lakatos lui-même reconnaît que le falsificationnisme méthodologique de Popper ouvre plus des nouvelles voies à la critique que d'autres courants de la philosophie contemporaine des sciences. Cela donne la preuve que dans l'histoire de la pensée et même parmi les critères que certains scientifiques formulent pour s'opposer aux autres qui, eux aussi, proposent un contre-critère, se trouve la crise des programmes de recherche scientifiques. Il y a crise des fondements logiques au cœur de la philosophie des sciences, de la rationalité scientifique. La crise de justification devient visible et claire. C'est pourquoi, en révélant la position des programmes de recherche scientifiques, Lakatos montre comment ceux-ci sont problématiques.

Tout ce débat d'ordre méthodo-logique pénètre le cours de l'histoire des sciences et de la logique, et montre la défaillance réciproque entre plusieurs philosophies des sciences. Lakatos essaie donc d'entrevoir les défauts de l'appareillage du principe de réfutabilité. Selon lui, la science évolue à partir des interprétations que nous donnons, une proposition ou un énoncé admet toujours une interprétation des termes. Mais Lakatos[122] constate que, par défaut de langage, l'histoire des sciences a été mal interprétée par les courants de la logique de la découverte, notamment le

---

[122] Imré LAKATOS, *Preuves et Réfutations*, Paris, Hermann, 1984, p. 126.

vérificationnisme, justificationnisme, falsificationnisme, scepticisme, etc. Il est évident que tous veulent rendre rationnelle l'histoire des sciences et expliquer le progrès scientifique à partir d'un langage codé qui s'est avéré en termes de critères et, qu'il leur est difficile d'y parvenir parce que, pense Lakatos, ils ne sortent jamais de l'imprécision. Cela amène Lakatos non seulement à la reconstruction rationnelle de l'histoire et de la philosophie des sciences, mais aussi à la question du problème de démarcation entre *science* et *pseudoscience*. C'est ici que l'on pose la question de savoir si toute connaissance est scientifique. Si non, qu'est-ce qui distancie la science des autres connaissances ? Si oui, tout ce qui se dit, se sait et se démontre est une connaissance sans distinction.

La pluralité des critères au sein de la philosophie contemporaine des sciences annonce l'avènement d'une autre conceptualisation scientifique. L'on aurait l'évidence de poser le même problème en termes d'élargissement méthodologie afin de mieux cerner la position de Lakatos et savoir faire la distinction entre Lakatos, Popper et les autres scientifiques ou mathématiciens. Si la critériologie se révèle trans-gnoséologique et trans-sémantique, c'est-à-dire qu'elle permet le passage d'une connaissance à une autre et d'une signification à une autre, il est alors impérieux pour nous de savoir distinguer la connaissance dans la connaissance. Autrement dit, dans la mesure où le critère en science révèle la nature d'une connaissance, sa dénomination et son avenir, il est important de relever profondément le débat sur la question de démarcation. Cette question donne en porte à faux à croire que le falsificationnisme méthodologique peut être l'image d'une vérité illuminée de la démarche scientifique. Lakatos va-t-il introduire d'autres notions ? La réponse à cette question exige de nous une étude historico-critique de la thèse de Karl Popper controversée par les postures méthodologiques d'Imré Lakatos.

La quête de la rationalité scientifique conduit Lakatos à la translation épistémo-logique de certains concepts opérateurs de Karl Popper. Il rassemble, dans la mesure du possible, tous les éléments logiques pour reconstituer et rendre efficace le falsificationnisme méthodologique et répondre au problème de l'évaluation des théories scientifiques. En développant une nouvelle contexture du falsificationnisme, Lakatos pense l'avoir rendu sophistiqué. C'est ainsi que le philosophe hongrois arrive à rendre compte des moments cruciaux du falsificationnisme et pose de nouveau le problème de l'évaluation des théories scientifiques. Et cela engendre une contradiction, une opposition plus ou moins motivée par le désir de rationalité. Ce désir de plus de rationalité s'explique aussi par le fait que les conditions de rationalité présentées par ses prédécesseurs ne semblent pas expliquées le progrès de la science. Dès lors, nous abordons l'approche sophistiquée du falsificationnisme comme élucidation méthodologique de la thèse de Popper, mais aussi comme dépassement épistémo-logique. Ainsi, Lakatos devient de plus en plus clair à partir de ce qu'il revendique comme attestation de la qualité scientifique.

I.5. Falsification du poppérisme : une approche sophistiquée du falsificationnisme

Cette posture relève du contraste produit par le falsificationnisme poppérien et les programmes de recherche scientifiques lakatossiens dans la manière d'évaluer les théories. Dans l'approche sophistiquée du falsificationnisme méthodologique, Lakatos présente les différentes logiques de la découverte comme problème car, l'approche scientifique qu'elles abordent, manque de consistance et de rigueur méthodologique. Lakatos se lance dans la quête d'une nouvelle alternative méthodologique qui permettra de mieux définir la croissance de la rationalité. C'est à partir d'une posture antiréaliste ou intuitionniste subjectiviste que Lakatos juge bon de translater le sens sémantique du falsificationnisme et désorienter sa destination conceptuelle de la base empirique comme moyen culminant d'évaluer une théorie, comme pouvaient l'estimer les justificationnistes et d'autres logiques de la découverte. Le falsificationnisme poppérien va donc être falsifié en vue de construire de nouvelles bases de la connaissance scientifique. Dans cet élan méthodologique, Lakatos pense que très peu de philosophes et des hommes de science s'aperçoivent que

> (...) la structure classique des valeurs intellectuelles s'écroule et doit être remplacée : on ne peut se contenter, comme les tenants de l'empirisme logique, d'édulcorer l'idéal de vérité prouvée en idéal de « vérité probable », ou, comme certains sociologues, en idéal de « vérité par consensus [variable][123] . »

Cette thèse de Lakatos est une critique adressée aux principaux partisans de la vérité probable en l'occurrence Rudolph Carnap, et aux partisans de la vérité consensuelle comme Thomas S. Kuhn et Polanyi. Les règles du jeu-méthodologique devraient changer de contexture épistémique pour réintégrer les nouvelles bases de la logique de la découverte dans la procédure évolutive de la croissance de la connaissance scientifique. Les empiristes, les positivistes logiques, les sceptiques, les justificationnistes, les conventionnalistes, les sociologues et les autres doivent sortir de la conception probabiliste et consensualiste de la rationalité scientifique pour réorganiser non seulement l'histoire et la philosophie des sciences, mais aussi comprendre que le cadre de référence empirique et le suffrage scientifique, qui se rapporte à la vérité par consensus, ne constituent pas en soi la référence pour définir le progrès de la science.

---

[123]Imré LAKATOS, *Histoire et Méthodologie des sciences, programmes de recherche et reconstruction rationnelle*, Paris, P.U.F., 1994, p. 2.

Lakatos reconnait que c'est Popper qui aurait méthodologiquement saisi ce qui pourrait être au fondement de l'effondrement d'une théorie scientifique même la plus corroborée. C'est le cas de la chute de la mécanique et la théorie de la gravitation d'Isaac Newton devant l'intelligence de la démonstration de la théorie de la relativité restreinte et générale d'Albert Einstein. C'est dans ce contexte que Lakatos inscrit sa thèse et pense que ni le probabilisme à la manière de Carnap, ni le consensus à la manière de Kuhn ne pourra donner l'orientation classique de l'évolution scientifique. Il n'est plus de l'ordre du débat que les concepts comme *crise*, *révolution scientifique*, *consensus*, ne fassent encore écho en science, pour la simple raison qu'elle (science) serait déjà et demeure en révolution permanente. Même si par ailleurs, Kuhn refuse de considérer la critique comme le noyau ultime de l'entreprise scientifique.

Après que Lakatos ait rejeté certaines thèses kuhniennes, il s'en va à la rencontre des différentes logiques de la découverte, notamment le justificationnisme, le conventionnalisme, le probabilisme, le scepticisme et le falsificationnisme. Ces différentes logiques donnent chacune d'elles une interprétation gnoséologique tout en posant les bases ou les fondements de la connaissance scientifique. Cela veut dire que les fondements de la rationalité scientifique posent problème, et que la nécessité de sa refondation parait évidente, selon Lakatos. Pour reconstruire rationnellement la démarche scientifique, Lakatos introduit une nouvelle perspective dont l'intérêt est de montrer l'orientation qu'il donne à la science. Il développe une épistémologie des programmes de recherche scientifiques qui présente une structuration méthodo-logique avec des présupposés métaphysiques. Cette réflexion lakatossienne définit un nouveau cadre de recherche scientifique et montre que les différentes articulations de la démonstration des programmes de recherche sont un type d'hypothèses qui rentre dans la perspective de la logique de la reconstruction rationnelle de la science.

Lakatos estime que les justificationnistes ont tort de ne pas soutenir l'idée selon laquelle les déductions strictement logiques permettent de transmettre la vérité que le scientifique ou le chercheur a la charge d'établir. Aussi, faudrait-il comprendre que chez Lakatos[124], il est possible de prouver par des moyens extérieurs ou indépendants de la logique le principe de l'identification de la connaissance et remettre en crise la connaissance prouvée. Dès lors, Lakatos rebute toute la tradition dominante de la pensée rationnelle. Par exemple, la tradition sceptique prétend qu'il n'y a pas et il ne pourrait y avoir de connaissance prouvée : il n'existe pas de connaissance prouvée, parce qu'elle n'est rien d'autre qu'une croyance animale, une faiblesse que l'homme manifeste devant la complexité des phénomènes naturels. Dans ce sens, la certitude d'une base empirique, soutenue par les empiristes, a été également rejetée ainsi que la validité de l'inférence par induction. Lakatos retrouve dans cette composante hypothèse une position sceptique qui ridiculise la pensée objective et ouvre la porte à l'irrationalité, au mysticisme et à la superstition. Aux yeux de Lakatos, cette conception sceptique est non seulement réductionniste, mais aussi stérile car, elle ne peut pas ouvrir la voie au progrès.

Quant au probabilisme, Lakatos estime qu'il avait été construit par « *un groupe de philosophes de Cambridge qui pensaient que, bien que les théories scientifiques sont également improuvables, elles présentent des degrés de probabilité différents (au sens du calcul des probabilités) relativement aux éléments de preuve empirique dont on dispose.* »[125]

---

[124]Imré LAKATOS, *ibid.*, p. 5.
[125]Imré LAKATOS, *ibid.*, p. 6.

Le probabilisme consiste à énoncer les théories hautement probables. Le remplacement de la preuve par le principe de probabilité a occasionné un grand recul de la pensée justificationniste. Cependant, la posture probabiliste va aussi s'avérer insuffisante face à la perspicacité des thèses falsificationnistes. Le changement spectaculaire apporté par le falsificationnisme [méthodologique] de Popper dans l'évaluation des théories a connu un grand succès dans la société savante. Le recul du probabilisme se fait ressentir et, le falsificationnisme s'impose comme axiome. De ce fait, Popper est considéré comme guide pour bon nombre d'hommes de science qui d'ailleurs, vont abandonner des normes utopiques et sortir des confusions empiristes et subjectivistes[126].

Au regard des thèses avancées par les justificationnistes, les probabilistes, les conventionnalistes et les falsificationnistes, il est avéré que le réel problème qui alimente le débat entre ces différentes logiques de la découverte est celui de la base empirique, où les faits sanctionnent les théories. La preuve de cette tendance réside dans ce que Lakatos écrit : « *Suivant la logique du falsificationnisme dogmatique, les sciences se développent en renversant des théories l'une après l'autre à l'aide des faits « durs ».* »[127] Les conditions de possibilité pour changer une théorie, selon les falsificationnistes dogmatiques, sont liées aux faits qui, eux-mêmes, sont rattachées au qualificatif « *dur* ». Pourquoi les faits doivent-ils être « *durs* » selon le falsificationnisme dogmatique ? C'est parce qu'ils se donnent à lire comme l'ensemble d'éléments empiriques qui constituent un espace de référence à partir duquel les théories sont rigoureusement testées. Ce sont les faits, bien entendu

[126] Karl R. POPPER, *Le réalisme et la science. Post-scriptum à la Logique de la Découverte Scientifique, I,* traduction de Alain Boyer et Daniel Andler, Paris, Hermann, 1990, pp. 112-122.
[127] Imré LAKATOS, *ibid.*, p. 10.

les « *faits durs* », qui décident sur la véracité ou non d'une théorie scientifique. Autrement dit, Les faits – empiriquement durs – doivent rassembler toutes les données empiriques sur la base desquelles l'expérimentateur appliquera ses méthodes ou fera ses expériences. Cette application consiste soit à confirmer, déductivement ou inductivement, soit à infirmer la théorie. Par conséquent, les falsificationnistes dogmatiques n'acceptent aucune théorie comme étant prouvée. D'ailleurs, Lakatos le développe en ces termes :

> La marque distinctive du falsificationnisme dogmatique, c'est donc de reconnaître que toutes les théories sont également conjecturales. La science ne peut prouver aucune théorie. Mais, bien que la science ne puisse prouver, elle peut réfuter, « accomplir avec une complète certitude logique la répudiation de ce qui est faux », c'est-à-dire qu'il y a une base empirique absolument solide de faits que l'on peut réfuter des théories[128].

Dans le même contexte, Lakatos amplifie le champ de son argument et développe sa thèse en ces termes :

> Les falsificateurs proposent de nouvelles normes – très modestes – d'honnêteté scientifique (…) ils sont près à considérer une proposition comme « scientifique » non seulement quand il s'agit d'une proposition factuelle prouvée, mais même quand elle n'est rien de plus qu'une proposition falsifiable, c'est-à-dire quand on dispose à ce moment-là de techniques expérimentales et mathématiques qui désignent certaines affirmations comme de potentiels indicateurs de fausseté (…). Le falsificationniste exige qu'une fois une proposition réfutée, il n'y ait plus d'hésitation : elle doit être rejetée sans condition. Le falsificationniste dogmatique expédie rapidement les propositions infalsifiables (qui ne sont pas tautologiques) en les déclarant « métaphysiques » et en leur refusant la qualité scientifique[129].

---

[128] Imré LAKATOS, *ibid.*, p.8.
[129] Imré LAKATOS, *Ibid.*, p. 9.

Il est donc tout à fait évident que le falsificationnisme dogmatique fonde ses arguments sur le contenu des réalités empiriques. Des réalités dans lesquelles se trouve l'explication de la scientificité d'une théorie. C'est ainsi qu'il fonde sa méthodologie sur la thèse suivante : il y aurait une base empirique absolument solide de faits empiriques à partir de laquelle on peut falsifier des théories. Il postule donc pour une base empirique comme falsificateur – heuristique ou potentiel – des données de la science. Les falsificateurs fonctionnent pour légitimer la base des données empiriques avec de nouveaux principes très simples et modérés. De la sorte, ils (les falsificateurs) valident une proposition comme scientifique non seulement lorsqu'il est question d'une proposition factuelle ou réelle prouvée, mais aussi lorsqu'elle se réduit à une proposition falsifiable, c'est-à-dire quand on s'approprie des techniques mathématico-expérimentales indiquant certaines acceptations ou affirmations comme des potentiels indicateurs de fausseté. Selon Lakatos, la manière dont le falsificationnisme dogmatique exclut certaines propositions de la course est non seulement maladroite, mais aussi irrégulière. Il ne devrait pas exiger de la théorie réfutée le rejet radical et sans condition.

Cette posture dogmatique ne trouve pas l'adhésion de Lakatos ; car selon lui, la théorie réfutée peut toutefois reconstituer et réorganiser son système de fonctionnement et reprendre sa course. L'expédition rapide des propositions infalsifiables qui ne sont ni tautologiques, ni antilogiques, encore moins scientifiques à cause de leur caractère métaphysique ne trouve donc pas son sens. Même la prouvabilité du système théorique n'est pas consistant d'après Lakatos, pour confirmer ou justifier la scientificité de la théorie. La théorie prouvée, que les justificationnistes acceptent de tout leur gré, ne satisfait pas pour autant la démarche falsificationniste – dogmatique et méthodologique – qui valorise, à la manière de Popper^0 et Popper^1, une autre pigmentation méthodologique. Si l'on s'en tient à l'observation – naturelle – pour réduire la scientificité des théories à cela, la science, estime Lakatos, n'aurait pas cru. Aussi, écrit-il à propos que

> (…) les justificationnistes classiques n'admettent que des théories prouvées ; les justificationnistes néo-classiques que des théories probables ; les falsificationnistes dogmatiques se sont rendus compte que dans les deux cas aucune théorie n'était admissible. Ils se sont décidés à admettre les théories si elles sont réfutables – et par un nombre fini d'observations[130].

Le falsificationnisme dogmatique admet que toutes les théories soient faillibles, même si elles conservent une base empirique infaillible. En d'autres termes, la posture du falsificationnisme dogmatique présente l'infaillibilité de la base empirique et démontre que celle-ci (la base empirique) ne peut être transmise aux théories qui sont faillibles. Les théories peuvent donc faillir, mais la base empirique demeure infalsifiable. Si l'on peut comprendre le falsificationnisme dogmatique en ces termes, Lakatos affirme que « *le falsificationnisme dogmatique est la variante la plus faible du justificationnisme* [méthodologique]. »[131] Le rejet de l'appareillage falsificationniste dogmatique devient de plus en plus clair. Ces faiblesses se font également ressentir à partir d'un fait logique. Le fait qu'il n'admette pas la présence des éléments empiriques renforcés de contre-preuves comme le feraient les inductivistes et les kantiens – même si les deux s'inclinent devant une expérience cruciale « négative » –. A cet effet, Lakatos comprend que le falsificationnisme dogmatique repose sur deux types de présupposés erronés et propose un critère de démarcation très étroit entre ce qui est scientifique et ce qui ne l'est pas.

---

[130]Imré LAKATOS, *ibid.*, p. 18.
[131]Imré LAKATOS, *ibid.*, p. 7.

Ces deux présupposés recèlent chacun d'eux un sens particulier. Selon Lakatos, le premier présupposé prétend qu'il existe psychologiquement des confins naturels entre les propositions spéculatives. Le second démontre qu'une proposition qui satisfait au critère psychologique doit nécessairement être factuel. Ainsi, le falsificationnisme dogmatique croit que ces deux présupposés assurent aux réfutations une base empirique irréductible à partir de laquelle la fausseté prouvée peut être transférée dans la théorie. Le falsificationnisme considère dans ce cas comme scientifique, les seules théories qui répondraient favorables à la base empirique. Autrement dit, une théorie n'est scientifique que lorsqu'elle possède une base empirique infalsifiable. De la sorte, la base empirique d'une théorie devient un composé de ses indicateurs potentiels de fausseté. Lakatos précise que l'ensemble de ces indicateurs potentiels est un agrégat de propositions factuelles qui peuvent effectivement réfuter la théorie.

D'après Lakatos, ces deux présupposés falsificationnistes sont faux, parce que la psychologie ne témoigne que contre les propositions spéculatives ou factuelles. Et même la logique ne peut pas prouver la véracité d'une théorie qui satisfait au critère psychologique ou mental. Dans l'optique de Lakatos, le critère mental n'existe pas. Il ajoute que même le jugement méthodologique ne peut pas témoigner contre le critère de démarcation. Enfin de compte, Lakatos va rejeter toutes les variantes des théories justificationnistes qui prévoient la psychologie et l'observation ; ainsi la doctrine empiriste est remise en cause, parce qu'elle définit les organes de sens comme un état juste et normal de l'interprétation de la vérité. La démarcation naturelle n'existe donc pas entre les propositions d'observation et la théorie.

Dans la procédure de falsification, Lakatos traduit le falsificationnisme méthodologique comme une variante du conventionnalisme. Selon Lakatos, il y a deux types de conventionnalisme à partir desquels on peut faire la différence entre les conventionnalistes passivistes et activistes. Les conventionnalistes passivistes sont la classe des empiristes qui soutiennent que la vraie connaissance est celle qui marque l'empreinte de la nature sur l'esprit humain. Cela renvoie à la thèse empiriste au sens classique du terme des auteurs comme David Hume, John Locke, etc. Les conventionnalistes activistes regroupent un bon nombre de penseurs qui admettent l'idée selon laquelle la nature ne possède aucune signification, si elle n'est pas interprétée par l'esprit humain. On ne peut lire la nature sans que ce soit l'œuvre d'une activité mentale. A partir du moment où notre activité mentale est au centre de la construction de nos théories, celles-ci ont pour rôle ultime d'interpréter le monde. Ainsi, si les activistes conservateurs – ce sont des justificationnistes méthodologiques, à l'instar de Carnap, Whewell, Poincaré, Milhaud, Le Roy, etc. – soutiennent que nous sommes nés avec nos cadres conceptuels grâce auxquels le monde empirique devient notre monde, alors la configuration épistémique de cette thèse ne peut trouver son acceptation que dans l'interprétation donnée par les activistes révolutionnaires, à l'exemple de ce que Karl Popper soutient. Pour ces derniers, les cadres conceptuels empiriques ne sont pas innés, ils sont plutôt construits par le sujet. D'après Lakatos, les activistes révolutionnaires pensent que les cadres conceptuels empiriques peuvent être accrus et même remplacés par d'autres plus étoffés et meilleurs. Car, il ne s'agirait pas d'avoir l'intelligence de créer un cadre conceptuel meilleur qui anéantirait l'ancien, mais de toujours avancer au pas de l'histoire. C'est ainsi que pense Lakatos, la dialectique rendra compte du changement historique.

Lakatos trouve quelques faiblesses dans le style des conventionnalistes conservateurs. Il reproche à cette école le fait que même si les hommes de science construisent leurs cadres de référence empiriques et quand bien même ils peuvent les remplacer par les plus adaptés, il arrive toujours un temps où ces cadres se transformeront en prisons, en vérité dogmatique et ne pourront pas être démolis. Cette discussion méthodologique entre les conventionnalistes conservateurs et révolutionnaires donne naissance, méthodologiquement parlant, à une double conceptualisation épistémique. On assiste à l'apparition de deux écoles rivales du conventionnalisme révolutionnaire, à savoir le simple de Duhem et le falsificationnisme méthodologique de Karl Popper. Nous ne nous intéressons pas à l'argumentation conventionnaliste de Duhem qui s'attèle sur la simplicité des théories, mais nous cherchons plutôt à discuter le falsificationnisme méthodologique de Popper qui est à la fois conventionnaliste et falsificationniste et, en même temps, est aussi différent du conventionnalisme conservateur.

Le falsificationnisme méthodologique établit sa base empirique sur les lois expérimentales. L'expérimentation renforce l'indicateur potentiel de fausseté à partir d'une hypothèse falsificatrice bien corroborée. Le catalogue des indicateurs de fausseté que le théoricien reçoit est fourni par le verdict de l'expérimentateur. Selon le falsificationnisme méthodologique, si la base empirique s'oppose à une théorie, cette dernière est falsifiée, mais non pas au sens où la théorie est rejetée. Cette approche interprète un sens sémantique nouveau du concept falsification différent de la vision du falsificationnisme dogmatique. Le falsificationnisme méthodologique maintient la méthode de sélection par élimination des théories. Cette méthodologie ne peut convenir que si les théories sont falsifiées et, après falsification, on retient les mieux adaptées. Dans ce sens, Lakatos présente la pensée des falsificationnistes méthodologiques en ces termes « *une fois falsifiée, une théorie, malgré le risque encouru, doit être éliminée : « [nous ne travaillons avec des théories] aussi longtemps qu'elles résistent aux éprouves ».* »[132] Du moins, Lakatos pense que le falsificationnisme méthodologique réussit à séparer « rejet » et « réfutation » que le falsificationnisme dogmatique avait confondu. L'on comprend aussi que selon la posture du falsificationnisme méthodologique, si une théorie est falsifiée, cela explique qu'on a prouvé systématiquement sa fausseté. Ainsi, la théorie peut encore être considérée comme ayant des possibilités de revenir à la lutte ou à la course. Cependant, lorsqu'elle fait suivre une série de falsification par élimination systématique d'une théorie vraie, il peut arriver qu'on accepte la mauvaise théorie pour en réfuter la bonne. Sur cette base d'argument, le falsificationnisme méthodologique propose un nouveau critère de démarcation, suggérant l'idée qu'une théorie n'est scientifique ou acceptable que lorsqu'elle possède une base empirique.

A la lumière de cette critique lakatossienne, les limites des logiques de la découverte sont mises à découvert. Car, les critères de démarcation qu'elles développent ne confirment pas la croissance de la connaissance scientifique et ne retrouvent pas non plus les attentes de Lakatos. Cela a pour conséquence logique l'éloignement systématique de style, du point de vue de la perspective, entre Lakatos et certains de ses contemporains. Dans cet ordre d'idées, Lakatos annonce la pertinence d'une nouvelle conceptualisation méthodologique à partir d'un falsificationnisme falsifié ou perfectionné : « *Car*, [estime Lakatos] *l'un des traits essentiels du falsificationnisme sophistiqué est qu'il prend comme concept de base dans la logique de la découverte celui de séries de théories au lieu de celui de théorie. Ce n'est pas une théorie donnée mais une succession de théories qui est évaluée comme étant scientifique ou pseudo-scientifique.* »[133] La contexture épistémique concernant l'évaluation des théories change de principes

[132]Imré LAKATOS, *ibid.*, p. 27.
[133]Imré LAKATOS, *ibid.*, p. 61.

méthodologiques. Ce ne serait pas une théorie isolée qui est mise à l'épreuve, mais un ensemble de jugements normativo-hypothétiques. Cet ensemble de jugements exprime ici ce que Lakatos entend par une suite de théories, laquelle en détermine la valeur scientifique ou pseudo-scientifique.

Aussi, faudrait-il penser que Lakatos prend en valeur toutes les traditions qui forment et définissent l'histoire des sciences interne et externe. Cette méthode lui a permis de revisiter la tradition philosophique de l'empirisme – classique et logique – au rationalisme – absolu ou radical et critique – en passant par le criticisme de Kant. Ainsi, Lakatos le dit en ces termes :

> Le falsificationnisme méthodologique sophistiqué combine plusieurs traditions différentes. Des empiriques, il a hérité sa détermination à apprendre d'abord de l'expérience. Il a pris à l'école de Kant sa manière activiste d'aborder la théorie de la connaissance. Les conventionnalistes lui ont enseigné l'importance des décisions en méthodologie[134].

Sur ces bases procédurales, on constate que le caractère empirique et la méthode expérimentale occupent une place de choix chez Lakatos, même si dans la prédiction des faits inédits l'auteur pense que par une expérience mentale le concepteur à la capacité intuitive de précéder les faits. L'importance des décisions méthodologiques qu'il hérite des conventionnalistes lui donne également la capacité de se démarquer des postures poppériennes de la rationalité scientifique ou critique. La démarche de Lakatos crée donc une différence méthodo-logique dans la manière d'évaluer les théories. Ainsi, voici ce qu'il affirme pour montrer cette différence :

> L'honnêteté du justificationniste exigeait qu'il n'acceptât que ce qui était prouvé et qu'il rejetât ce qui ne l'est pas. Celle du néo-

---

[134]Imré LAKATOS, *ibid.,* pp. 47-48.

> justificationniste exigeait qu'il spécifiât la probabilité de toute hypothèse à la lumière des éléments empiriques de preuves disponibles (…). Celle du falsificationniste naïf exigeait qu'il mit à l'épreuve le falsifiable et qu'il rejetât l'infalsifiable et le falsifié. Enfin, celle du falsificationniste sophistiqué exige qu'il essaie de considérer les choses de différents points de vue, d'avancer des théories nouvelles qui prévoient des faits inédits et de rejeter celles qui ont été supplantées par des théories plus puissantes[135].

La méthode justificationniste qui repose sur la preuve pour justifier les énoncés scientifiques ne trouve pas sa place, car ses épilogues ont été rejetés. La rigueur des néo-justificationnistes pour spécifier le degré de probabilité de chaque hypothèse à partir des éléments empiriques disponibles ne confirme pas sa quintessence à cause de l'exigence qu'elle pose de la base empirique. Le falsificationnisme naïf adopte une attitude irrégulière. En rejetant l'infalsifiable et le falsifié au profit du falsifiable, le falsificationnisme naïf confirme l'idée que la scientificité des théories dépend de l'information que la base empirique met à la disposition des hommes de science. L'infalsifiable renvoie aux énoncés métaphysiques dénués de signification et le falsifié devient le type d'hypothèses qui n'a pas répondu au critère de validation ou de scientificité. Cette posture retrouve des tendances positivistes ou empiristes et devient malheureuse, parce qu'elle privilégie un cadre de référence empirique comme exigence méthodologique et, donc fondement de toute connaissance. Pour Lakatos, tous ces types de logiques de la découverte n'emploient pas la bonne méthodologie. Leurs règles d'acceptation et de falsification diffèrent de celles qu'il propose dans la reconstruction rationnelle de l'histoire et de la philosophie des sciences. L'hypothèse que l'auteur propose ici donne finalement un nouveau tableau conceptuel et explique mieux les règles du jeu-méthodologique. Ainsi, Lakatos écrit :

---

[135]Imré LAKATOS, *ibid.*, p. 47.

> La version sophistiquée du falsificationnisme diffère dans sa forme naïve à la fois par ses règles d'acception (ou ses « critères de démarcation ») et par ses règles de falsification ou d'élimination (...). Dans la version naïve, est « acceptable » ou « scientifique » toute théorie que l'on peut interpréter comme expérimentalement falsifiable. Pour la version sophistiquée, une théorie n'est « acceptable » ou « scientifique » que si elle surpasse la théorie précédente (ou rivale) par son contenu empirique corroboré, c'est-à-dire seulement si elle conduit à découvrir des faits inédits. On peut analyser cette condition en deux classes (...) la nouvelle théorie doit avoir plus de contenu empirique (« acceptabilité 1 »), et une partie de ce contenu supplémentaire doit être vérifiée (« acceptabilité2 »). Par une analyse logique a priori, on peut reconnaitre instantanément si la première classe est remplie ; pour la seconde, cela ne peut se faire qu'empiriquement et prendre un temps indéterminé[136].

La version sophistiquée du falsificationnisme que Lakatos développe diffère des versions classiques qu'il qualifie d'ailleurs de naïf, parce que les règles de démarcation et d'élimination qu'il pratique ne recèlent pas les mêmes articulations logiques au niveau de l'interprétation de la démarche de l'évolution scientifique ou de la rationalité. L'acceptation comme critère de démarcation décrit dans la version naïve pour démarquer la science de la non science ne se focalise que sur des types de méthodes expérimentales qui, elles-mêmes, dépendent totalement des faits empiriques. La théorie interprétée comme expérimentalement réfutable devient une conséquence de la base empirique entendue comme méthodologie par excellence, c'est-à-dire un élément à partir duquel tous les énoncés sont soumis à la falsification. La base empirique au moyen de laquelle la théorie est testée expérimentalement ne peut pas dire plus ou mieux que ce que la théorie veut exprimer. Cette interprétation ne montre pas la différence entre l'intuition qui aurait projeté la théorie dans le

---

[136]Imré LAKATOS, *ibid.*, pp. 37-38.

temps et, au-delà même du cadre de référence empirique, les faits que la théorie aurait dits d'avance. Lakatos, par contre, s'efforce à montrer qu'il y a une forme d'intuition, loin d'être empirique comme chez Kant[137], une interprétation intuitive *a priori* qui précède le cadre empirique. Cette posture est complètement ignorée par les différentes logiques de la découverte.

Le réalisme ne voit que comme scientifique les seuls énoncés qui sont possibles à interpréter et dont le caractère répond à l'expérimentation. Mais, le caractère énonciatif des théories qui consiste à pressentir par intuition ou inspiration des réalités authentiques et corroborées, n'est pas vu par les théoriciens de la rationalité. De fait, Lakatos réinterprète la démarche de la rationalité scientifique en falsifiant le falsificationnisme méthodologique. Il considère des telles énonciations intuitives comme des prédictions des faits inédits par certaines théories. Chez Lakatos, l'énonciation intuitive d'une théorie prédisant les faits inédits surpasse éventuellement l'autre (théorie) par la charge informative de son contenu empirique corroboré depuis les prémisses jusqu'aux conséquences logiques. La première règle de l'acceptabilité voudrait qu'une théorie qui surpasse l'autre par son contenu empirique doive nécessairement interpréter les faits en abondance, c'est-à-dire que son contenu informatif doit être véritablement rempli de connaissance. La deuxième règle exige la vérification d'une partie de ce contenu informatif. Selon Lakatos, il est possible de reconnaître à partir d'une analyse logique a priori si le contenu empirique de la théorie est réellement chargé ou rempli des faits. Cette reconnaissance ne peut être possible empiriquement qu'à l'instant où la référence devient disponible.

---

[137] Emmanuel KANT, *Critique de la raison pure*, traduction de Jules Barni, revue par P. Archambault, chronologie, présentation et bibliographie de Bernard Rousset, Paris, Flammarion, 1976, p. 110.

C'est ainsi que Lakatos procédera à la transférabilté sémantique du terme falsification. Lakatos, de par son style, montre comment il est en train d'effectuer le transport du naïf au sophistiqué et permet tout de même d'accroître la science. Autrement dit, la nouvelle version du falsificationnisme méthodologique, reconnue par le vocable *sophistiqué* se distingue systématiquement du naïf aussi bien par ses critères d'acceptation ou de démarcation que par ses critères de réfutation. Cette transportabilité crée une sorte de translation sémantique et permet d'appréhender d'abord le fait que la science progresse de façon énergétique, car des nouveaux programmes de recherche scientifiques sont soumis une fois de plus à la contestation et, c'est un ensemble de programmes de recherche qui est évalué par la confrontation réciproque entre des théories; ensuite la falsification ne se translate plus en rejet de façon catégorique ou absolue, mais elle s'ouvre plutôt à la confirmation non définitive d'une théorie nouvelle[138] plus performante ou compétitive; elle n'élimine pas la théorie mais, la rend faible ou moins efficace par rapport à son contenu informatif. Ainsi, il réévalue le rôle de l'expérience ou de la base empirique; et enfin, la falsifiabilité veut dans ce cas dire la lutte des théories à la théorie interprétative des faits et à la prédilection des inédits que l'expérience confirmera peut être à près un laps de temps. Dans ce sens, nous présentons quand même l'idée ou la démarche qui plus ou moins donnera la lumière à la notion de la démarcation en science selon la perspective lakatossienne. Pour Imré Lakatos, il faut considérer que « *Le falsificationnisme sophistiqué déplace ainsi le problème : au lieu d'évaluer des théories, il évalue des séries de théories, qui seules peuvent être dites scientifiques ou non scientifiques ; appliquer l'épithète de « scientifique » à une unique théorie est une erreur de catégorie.* »[139]

---

[138]Imré LAKATOS, *ibid.*, p. 47.
[139]Imré LAKATOS, *ibid.*, p. 42.

La formule d'évaluation que Lakatos adopte déplace l'espace de réflexion et détermine un autre horizon de discussion. La résolution du problème posé par le réalisme, pour interpréter le progrès de la science, change de contexture méthodologique à partir de la nouvelle configuration que donne le falsificationnisme sophistiqué selon la démarche antiréaliste. L'épithète de « scientifique » qui s'applique à une seule théorie est pour Lakatos une erreur de catégorie, parce qu'on ne devrait pas évaluer une théorie plutôt que des séries de théories. Aussi, faudrait-il également signaler que cette nouvelle interprétation fait preuve d'une reconstruction rationnelle et devient de ce fait une posture « méta-rationalité », une « méta-critique » avec une démarche historico-pratique. D'après Lakatos, il y a progrès à partir du moment où la nouvelle théorie révèle, après une lutte acharnée entre ses rivales, davantage les mystères cachés de la nature qui constituent les énigmes scientifiques.

Dans ce sens, on ne peut pas soutenir que Lakatos privilégie un programme de recherche au détriment des autres. Si cela est ainsi conçu, on sous-entend qu'il n'y a pas de méthode qui soit l'archétype de toute la science. Karl Popper, dit Lakatos, aurait pu faire en sorte que la science évolue d'une version dogmatique – relatif à $Popper_0$ – en passant par la version naïve du falsificationnisme méthodologique – relatif à $Popper_1$– jusqu'à la version plus performante, à savoir le falsificationnisme méthodologique sophistiqué – relatif à $Popper_2$ –. Malheureusement, Popper ne l'avait jamais atteint, parce que ne disposant que peu de moyens techniques d'y parvenir. D'ailleurs, Lakatos l'affirme en ces mots :

> J'ai distingué trois Popper : $Popper_0$, $Popper_1$ et $Popper_2$. $Popper_0$ est le tenant du falsificationnisme naïf [ou dogmatique] qui n'a jamais publié un mot : il a été inventé, et « critiqué » (...). $Popper_1$

> est le tenant du falsificationnisme [méthodologique] naïf, Popper$_2$ celui du falsificationnisme [méthodologique] sophistiqué[140].

A en croire Lakatos, certains programmes de recherche ont pu émerger, parce qu'ils étaient greffés sur une autre théorie, ou bien des théories antérieures. C'est le cas des hypothèses *ad hoc* qui, ayant été mises en activité à partir des hypothèses antérieures, n'ont plus les mêmes propriétés combinatoires pour prédire des faits. Ainsi, la théorie de l'inertie de Galilée a été bien greffée sur la théorie astronomique de Copernic. Même les lois de correspondance et de complémentarité de Niels Bohr ont été aussi greffées sur la théorie de Maxwell. Quand Galilée a eu recourt aux hypothèses *ad hoc* afin de sauvegarder les explications hypothétiques de Copernic, il exaltait l'intelligence méthodologique qu'il développait. De telles illustrations donnent une nouvelle image du tableau falsificationniste proprement dit. C'est pourquoi, Lakatos éclate le concept de falsificationnisme attribuant une partie à plusieurs philosophes, notamment Popper^0, Popper^1 et Popper^2.

Selon Lakatos, Popper^{0}est un groupe de philosophes qui n'ont jamais publié un texte scientifique. Ce groupe est naïf et dogmatique. Ce Popper^0 n'a pas existé ou bien, s'il faut renvoyer cela à Popper lui-même, il s'agit de la position qu'il aurait prise autour des années 1920, c'est une position vulgaire et sans enjeux méthodologiques. Ce Popper^0 pense qu'il existe une base empirique infaillible à partir de laquelle les théories sont réfutées. D'après Lakatos, cette version est fausse. Il veut signifier par-là que lorsque la base empirique est assurée, il existe toujours une clause *celeris paribus* correspondant à un énoncé universel fictif ou non existant, mais son application est interdite par un principe qui ne peut jamais être mis en défaut par un énoncé. Le progrès scientifique se réalise, de ce point de vue, par une série de

---

[140]Imré LAKATOS, *ibid.*, pp. 133-134.

spéculations audacieuses ininterrompues et inexorables qui sont soit corroborées, soit réfutées formellement parlant. Contrairement à Popper^{0}, Popper^{1} serait, à cet effet, méthodologiquement parlant, une version du falsificationnisme de Popper plus développée. Cette posture intègre l'idée de la caractéristique faillible de la base empirique en construisant le critère de démarcation de manière logico-syntaxique du fait qu'il fonctionne sur la base des falsificateurs potentiels.

Quant à popper^{2}, la science se définit en termes de croissance du savoir scientifique. On ne fait plus du tout attention au concept de réfutation, plutôt qu'à celui de progrès. Popper^{2} s'intéresse donc à l'évolution des théories concurrentes en tenant compte des (théories) plus fausses. C'est ici que se trouve l'idée d'un falsificationnisme sophistiqué d'après Lakatos ; car la réfutation, dans cette nouvelle version du falsificationnisme, ne peut jamais éliminer une théorie quelle qu'elle soit. Même la base empirique dont on a toujours loué ne peut pas procéder à l'examen d'une théorie. Ainsi, l'évaluation ne porte plus sur des théories isolées, mais sur des séries de théories, ce que d'ailleurs Poppeur^{0} et Popper^{1} n'ont pas pu faire. La démarcation ici s'interprète au niveau de la rivalité des théories. Dès lors, une théorie est scientifique si elle surpasse la théorie rivale à découvrir des faits inédits, ou bien à posséder un contenu empirique corroboré supérieur aux autres. De ce point de vue, Lakatos écrit :

> Nous acceptons les déplacements de problème comme scientifique que s'ils sont au moins théoriquement progressifs ; si ce n'est pas le cas, nous les « rejetons » comme pseudo-scientifique. Le progrès se mesure par le degré de progressivité du déplacement de problème, par la proportion des faits inédits que la série de théories nous conduit à découvrir. Nous considérons une théorie de la série

comme ''falsifiée quand elle est remplacée par une théorie dont le contenu corroboré est plus élevé[141].

Lakatos place la dimension théorique comme première condition du progrès qui, en lui-même, possède une tranche de pouvoir heuristique capable d'annoncer davantage des variations des phénomènes. Le déplacement de problème est théoriquement progressif si la théorie est capable de représenter en amont les variations des phénomènes inconnues et inédites par les théories antérieures. Cette capacité décrivant les phénomènes inconnus est une intuition constructiviste qui voit les faits en avance et anticipe leur avènement. Cette posture antiréaliste renverse le cadre conceptuel sémantique et syntaxique du falsificationnisme poppérien. Dans la prédiction des faits empiriques, l'anticipation devient synonyme d'une capacité cérébrale ou mentale qui, intuitivement, transcende les phénomènes circonstanciels du moment, connus pour prédire une variation des phénomènes et prévoir une nouvelle réalité qui, à tort ou à raison, sera corroborée. Lakatos introduit un nouvel argument comme nouveau critère de démarcation quand il annonce systématiquement le déplacement de problèmes progressifs. Il donne une nouvelle connotation au concept de falsifiabilité sans jamais demeurer dans le cadre conceptuel de Popper. Cela veut dire que la posture dans laquelle Lakatos inscrit minutieusement le falsificationnisme ne retrouve pas le sens primaire qu'avait donné Popper lui-même. Nous croyons que la différence entre Popper et Lakatos s'établit simplement par le fait que le premier est un réaliste et le second est un antiréaliste.

Si le falsificationnisme fonctionne comme une base des anomalies voulant renverser la théorie pour la déclarer fausse, Lakatos démontre que même dans un océan d'anomalies ou des contre-exemples, un programme de recherche peut

---

[141]Imré LAKATOS, *ibid.*, pp. 41-42.

progresser en déplaçant le problème. C'est le cas du programme de recherche de Prout. En effet, « *Prout soutenait que les poids atomiques de tous les éléments chimiques purs sont de nombres entiers.* »[142] Les tests expérimentaux de l'époque n'inspiraient pas fiabilité. Les observations que les théories établissaient étaient complètement fausses. Cela veut dire que toutes les théories qui auraient fourni quelques éléments de contre-exemples n'étaient pas admises. Ainsi, « *la théorie de Prout vainquit l'une après l'autre les théories appliquées précédemment dans la purification des substances chimiques* »[143]. Une telle théorie reconstruit l'histoire des sciences. Ainsi, cette reconstruction a du sens lorsque les théories proposées possèdent une forme scientifique, c'est-à-dire augmentent le contenu informatif théoriquement. Les nouvelles théories d'observation doivent donc se révéler vraies si tant est qu'elles sont audacieuses prédisant des faits nouveaux et ne peuvent être éliminées de l'histoire des sciences parce que son parcours continu est efficace ; d'où commence la reconstruction rationnelle. Le programme de Prout « *a produit un splendide déplacement progressif, marqué aussi par mille contre temps.* »[144] Dans la même contexture épistémologique, Lakatos considère également le programme de recherche de Niels Bohr comme un programme qui progresse à partir des fondements incompatibles. Pour une bonne illustration, il écrit :

> Le programme de recherche de Bohr peut être caractérisé par 1/ son problème initial ; 2/son heuristique négative et positive ; 3/ les problèmes qu'il a tenté de résoudre au cours de son développement ; 4/ son point de dégénérescence (ou, si l'on veut, « de saturation ») ; et enfin 5/le programme par lequel il a été supplanté.

---

[142]Imré LAKATOS, *ibid.*, p. 71
[143]Imré LAKATOS, *ibidem.*
[144]Imré LAKATOS, *ibid.*, p. 74.

> Bohr se proposait de résoudre cette énigme : comment les atomes de Rutherford (c'est-à-dire de minuscules systèmes planétaires avec des électrons en orbite autour d'un noyau positif) peuvent-ils demeurer stables ?[145].

Le programme de recherche de Bohr que Lakatos prend comme illustration a pour dessein l'élargissement de sa thèse. En effet, le programme de recherche de Bohr devrait être supplanté par la saturation de la théorie corroborée de l'électromagnétisme de Maxwell-Lorent. Bohr devrait donc affronter Maxwell et s'écrouler après. Cependant, du fait que la théorie de minuscules systèmes planétaires avec les électrons en orbite autour du noyau positif était pleinement corroborée, Bohr prit la décision de ne plus prêter attention à l'incompatibilité pour mettre en place un programme de recherche scientifique dont la saturation informative serait incompatible avec la théorie de Maxwell-Lorentz[146]. Bohr procède en proposant cinq postulats que nous n'allons pas étaler ici. En conséquence, le programme de recherche de Bohr avait été sauvé parce que, pense Lakatos,

> Certains des programmes de recherche les plus importants de l'histoire des sciences ont été greffés sur des programmes antérieurs avec lesquels ils étaient ouvertement incompatibles. Par exemple, l'astronomie de Copernic fut « greffée » sur la physique d'Aristote, et le programme de Bohr sur celui de Maxwell. Ces greffes sont irrationnelles pour le justificationniste et pour le tenant du falsificationnisme naïf, car ni l'un ni l'autre ne peut supporter qu'on progresse à partir des fondements incompatibles (...). Ces greffes sont par conséquent dissimilées le plus souvent par des stratagèmes ad hoc – tels la théorie de l'inertie circulaire chez Galilée ou le principe de correspondance de Bohr et, plus tard, son principe de complémentarité – dont le seul objectif est de cacher la « déficience ». Quand le jeune programme greffé prend la force, la coexistence pacifique arrive à son terme, la symbiose se

[145]Imré LAKATOS, *ibid.*, p. 75.
[146]Imré LAKATOS, *ibid.*

> transforme en concurrence et les champions du nouveau programme essaient de remplacer complètement l'ancien(...)[147].

Le système de greffage d'une théorie sur une autre montre que l'histoire des sciences et ses reconstructions rationnelles vont toujours ensemble de façon parallèle. On ne doit pas exclure l'une (l'histoire des sciences) de l'autre, parce que l'une constitue le réservoir dans lequel l'autre (reconstruction rationnelle) puise ses objets et, celle-ci devient la lumière et l'orientation. L'histoire des sciences est donc l'histoire des évènements historiques de grande envergure, des concepts primaires et non secondaires. Toutefois, il faut comprendre que les concepts secondaires sont parfois réductionnistes, selon Lakatos.

La question de la démarcation chez Lakatos prend également en compte cet aspect réductionniste de la connaissance. Si l'on s'accorde sur le fait que le greffage d'un programme de recherche sur un autre peut déclencher un déplacement de problème progressif, on peut aussi penser que le programme de recherche qui dégénère est non seulement régressif, mais aussi réductionniste. Déjà Popper, dans les années 1969, ne reconnaissait pas la réduction comme étant scientifique à moins qu'elle se transforme en croissance. De fait, un programme de recherche n'est scientifique que s'il explicite encore plus que ce qu'il s'était proposé d'expliciter ; autrement la réduction n'est pas scientifique. La réduction ne saurait produire de contenu empirique nouveau et des faits inédits si elle ne dégage les nouvelles perspectives des variations des phénomènes. Dans le cas où elle n'accroît pas la science, la tendance est de constater qu'elle présente un déplacement dégénératif de problème. Le vrai programme de recherche greffé n'est pas réductionniste. C'est le cas de la position que peuvent prendre certains programmes greffés qui exploitent intelligemment leur pouvoir heuristique sans se

---

[147]Imré LAKATOS, *Ibid.*, pp. 76-77.

résigner devant un océan d'anomalies qui peut les empêcher de se développer de manière à provoquer un déplacement progressif de problème. Lakatos consolide cette nuance à partir du programme de recherche de Newton. La position rationnelle du programme de Newton donne une belle illustration de l'argument posé par Lakatos.

En effet, Newton avait faiblement greffé son programme sur la mécanique cartésienne du choc. D'après Lakatos, la théorie de Newton à l'origine était incompatible, car elle avait une heuristique faible. Cela conduit Newton a retravaillé son heuristique positive (qui était réductionniste) en augmentant les aspects normatifs des hypothèses auxiliaires. Ainsi, le programme de recherche de Newton réalise un succès, lorsqu'il désapprouve d'un côté les cartésiens pessimistes et désespérés, comme Huygens, et de l'autre, les cartésiens imprudents comme Cotes[148]. La démarcation entre ce qui est scientifique et ce qui ne l'est pas, se trouve animée dans les faits scientifiques de l'histoire des sciences. Ce qui serait moins scientifique chez Lakatos ne se résume pas seulement à la falsifiabilité, mais consiste aussi en la réduction du progrès scientifique. Aussi pourrait-on estimer que dans le sillage de Lakatos, la réfutation des théories donne l'image d'un tableau conditionnant le progrès scientifique à la base empirique de circonstance ou à l'expérimentation adaptée à la situation du moment. Une telle attitude paraît réductionniste selon le contexte lakatossien. Le falsificationnisme sophistiqué devient un Popper nouveau et ouvert au progrès démarquant des vieilles considérations réductionnistes.

On estime que la version sophistiquée est l'ouvrage que Lakatos met en place pour relever les limites du falsificationnisme « naïf ». Toutefois, on peut reconnaître cette attitude critique chez Lakatos et chez certains de ses contemporains comme Thomas Kuhn et Paul Feyerabend.

---

[148]Imré LAKATOS, *ibid.*, p. 81.

Ainsi, ces trois partent tous du falsificationnisme méthodologique sophistiqué en dépit des points de vue qui les divergent quant aux décisions à prendre pour « falsifier » un programme de recherche scientifique. Kuhn par exemple illustre ces conventions par des considérations socio-psychologiques. Quant à Feyerabend, les règles de conventions ne sont pas indiquées, lui qui dispose plutôt de tout permettre en science. Cette posture feyerabendienne explique une sorte de libéralisme et d'anarchisme méthodologique « sophistiqué ». A cet effet, Paul Karl Feyerabend[149] fait ce qu'on appelle le pluralisme méthodologique, lorsqu'il affirme qu'il n'y a pas une méthode unique que les scientifiques devraient suivre. La méthode de la science correspond aux problèmes qui préoccupent le travail du chercheur. Il combat alors la méthode unique en science, l'unicité de méthode en science étant un obstacle. Les scientifiques différents ont des problèmes différents et auront aussi bien des méthodes différentes que des techniques différentes qui varient dans le temps et dans l'espace[150]. Toutes les critiques de Feyerabend ne peuvent conduire qu'à la critique de la Raison[151], c'est-à-dire la critique de la proclamation d'un Dieu à l'ensemble des données, des règles et des normes qui coordonnent la science. Cela témoigne tout simplement son attitude critique qui brille

---

[149] Paul K. FEYERABEND, *Contre la méthode. Esquisse d'une théorie anarchiste de la connaissance,* Paris, Seuil, 1979, pp. 23-25. L'auteur a même écrit *Knowledge without foundations*, traduction française : *Une connaissance sans fondements*, par Emmanuel Malolo Dissakè, Editions Dianoïa, 1999, 127 p.

[150] Thomas S. KUHN, « Logic of Discovery or Psychology of Research? », in *Criticism and the Growth of knowledge* (Imre Lakatos et Alan Musgrave (eds.), New York: Cambridge University Press, 1970, pp. 1-23. Il soutient la même thèse aussi dans *La Structure des Révolutions Scientifiques*, Préface de T.S.K., Berkeley, Californie, février 1962, Paris, Flammarion, 1973, 285 p.

[151] Paul K. FEYERABEND, *Adieu la Raison*, Paris, Seuil, 1989, p. 18.

par une forme d'anarchisme méthodologique et un système dadaïsme, c'est-à-dire le fait de ne vouloir jamais faire du mal (même pas à une mouche !). Selon Feyerabend, toutes les sciences produisent des vérités suivant leur démarche et obtiennent des résultats conformément à leur programme. L'optique dans laquelle Feyerabend inscrit sa thèse, rejoint la pensée de Lakatos dans le style et la perspective, car celui-ci ne pense pas aussi qu'il y aurait une méthode plus savante qu'une autre. Par ailleurs, Paul Feyerabend confirme la position de Lakatos en ces termes :

> Lakatos n'a pas démontré que ses normes sont les normes de la science. Il n'a pas démontré qu'elles mènent à des résultats substantiels (...). Il n'a pas non plus réfuté l'anarchisme et n'a même pas montré que sa méthodologie est le meilleur programme de recherche historique[152].

Feyerabend reconnaît que le style de Lakatos ne consiste pas à considérer en premier ses normes de la logique comme gouvernantes en science. Aucune des règles méthodologiques ne peut s'imposer comme exigence à toutes les méthodes scientifiques. Aussi, faut-il soutenir avec Noël Mouloud[153] que la démarche de Lakatos bien qu'inscrite sous l'angle du rationalisme critique de Popper, avait aussi pour dessein de le compléter sur les points substantiels, qui précisément semble aller plus loin vers un investissement étroit des aspects logiques et des aspects temporels de l'investigation. A cet effet, tous les programmes de recherche peuvent être critiqués par des arguments quasi identiques.

---

[152] Paul K. FEYERABEND, *Contre la méthode, Esquisse d'une théorie anarchiste de la connaissance, op. cit.,* Ch. 16, p. 236.

[153] Noël MOULOUD, « Lakatos : la rationalité des méthodes et les composantes programmatiques de la recherche », Antoine Casanova (dir), *La pensée, Institut de Recherches Marxistes*, Bimestrielle, n° 230, novembre-décembre 1982, p. 104.

D'après Paul Feyerabend, Imré Lakatos n'a jamais fait preuve de l'autoritarisme ou de la dictature méthodologique du fait qu'on ne pouvait pas falsifier un programme scientifique de recherche faible dans ses premiers pas, parce qu'il pouvait s'améliorer et contribuer à la croissance du savoir scientifique. C'est pourquoi, Lakatos n'aimait pas le concept de « *réfutation* » et, pour Feyerabend, le mieux serait d'employer le verbe « *neutraliser* » de préférence à la réfutation ou le rejet. La thèse de Feyerabend rejoint celle de Lakatos dans le style et dans l'orientation de la pensée critique et plurielle d'autant plus qu'il (Feyerabend) estime qu'on ne peut établir une différence entre la science, le mythe[154]et d'autres formes de connaissance. De ce fait, la théorie de la connaissance n'a pas de fondements qui soient le ciment du savoir par excellence. C'est ainsi qu'il récuse lui aussi l'idée d'une base empirique[155] « cruciale » en science.

Lorsque Lakatos élargit sa démarche dans l'acceptation des théories, il est établi que c'est le déplacement du problème qui est accepté comme scientifique théoriquement et empiriquement progressif. La théorie devrait contenir un ensemble d'hypothèses auxiliaires qui provoque un progrès explicatif, même si cela est faible, autrement elle est rejetée comme pseudo-scientifique. Chez Lakatos[156], le progrès se mesure par la notion de progressivité du déplacement de problème, ainsi qu'une suite de théories conduit à la découverte. Dans cette optique, Feyerabend introduit aussi un principe noble qui inscrit l'idée du pluralisme méthodologique et de l'anarchisme dans le même sens que l'idée des programmes de recherche scientifiques. Ce

---

[154] Paul FEYERABEND, *Une connaissance sans fondations*, Dianoïa, Janvier 1999, p. 71.

[155] Paul FEYERABEND, *ibidem*.

[156]Imré LAKATOS, *Histoire et Méthodologie des sciences, programmes de recherche et reconstruction rationnelle, op. cit.*, p. 41.

principe feyerabendien – quoi que Putnam[157] ne l'admette pas et en fasse la critique en montrant la différence entre l'internalisme et le relativisme en science – révèle un contexte éthico-philosophique de la science dans la formule suivante : « *Tout est bon* »[158], et favorise en même temps n'importe quelle méthode, pourvu qu'on conduise l'humanité à découvrir de nouveaux faits inédits. Ce principe voudrait dire que dans une situation particulière un type de choses ou d'informations, qu'on n'a pas déterminé à l'avance, peut bien « faire l'affaire », parce que la solution de la science varie selon les circonstances. Ce qu'on n'a pas déterminé à l'avance, c'est cette construction intelligente, intuitive, imaginaire qui précède le tableau empirique, coloré par le naturalisme et sur lequel l'expérimentateur mire les théories et que le réaliste enraciné s'attende pour se rassurer de la scientificité ou non de sa théorie. La compréhension de ce principe montre que ni Lakatos, ni Feyerabend, aucun des deux ne sait là où se trouve la vérité, contrairement à Kuhn[159]qui pense que la vérité se trouve dans le paradigme en vigueur. Il faut donc suivre ce que les grands hommes de science ont établi pour avoir la vérité, laquelle dépend chez Kuhn[160], d'une convention des hommes de science soutenant le paradigme en vigueur. C'est pourquoi, la science en tant qu'épisode composant de la science normale, les scientifiques devraient nécessairement continuer à investir et à défendre leurs théories face aux anomalies inhérentes aux périodes des grands changements conceptuels.

Au regard de tout ce que nous venons de démontrer et à la lumière des thèses de Lakatos, nous osons croire que le

---

157 Hilary PUTNAM, *Raison, vérité et Histoire*, Paris, Les Editions de Minuit, 1984, pp. 66-68.

158 Paul FEYERABEND, *Contre la méthode. Esquisse d'une théorie anarchiste de la connaissance*, *op. cit.*, p. 25.

159Thomas S. KUHN, *La Structure des Révolutions Scientifiques*, Paris, Flammarion, 1973.

160Thomas S. KUHN, *ibid,* p. 113.

falsificationnisme méthodologique sophistiqué est aussi une méthodologie des programmes de recherche historico-critiques ; puisque, c'est toute la science y compris son histoire et voire son historicité qui sont visées pour une reconstruction rationnelle. Pour Lakatos, nous en sommes convaincus, c'est une méta-reconstruction rationnelle et théorique, parce qu'elle porte sur une épistémologie qui est déjà critique et constitue une reconstruction rationnelle, à l'instar de la falsifiabilité, de l'éliminabilité argumentative de Popper qui constitue une méta-critique par rapport au positivisme logique. Ainsi, les critiques que Lakatos et Feyerabend formulent contre Popper peuvent être considérées comme une sorte de méta méta-critique de la logique situationnelle à partir des normes heuristiques qui se veulent aussi historiographiques.

Pour donner plus d'éclairage à cette posture sophistiquée du falsificationnisme, il est convenable d'indiquer trois points essentiels qui exigent une longue méditation. En effet, dans le processus historique des sciences, comme le pense Werner Heisenberg[161], les progrès les plus marquants se réalisent fréquemment là où se rencontrent plusieurs courants de pensée d'obédiences différentes. Par exemple, Max Planck[162] enseigne que le monde physique s'enrichit à l'aide de deux pensées, notamment le principe des quanta et la théorie de la relativité. Ces deux hypothèses peuvent être considérées comme deux grandes innovations qui s'ouvrent à la nouvelle physique avec des programmes scientifiques de recherche efficaces, et qui se distinguent foncièrement à la fois par leur charge empirique et par leurs faits inédits. Cela signifie que la science est un ouvrage reconstruit rationnellement et, cette

---

[161] Werner HEISENBERG, *Physique et philosophie, la science moderne en révolution*, Paris, Albin Michel, 1971, p. 249.

[162] Max PLANCK, *L'image du monde dans la physique moderne*, Suisse, Gonthier, 1949, pp. 10-11.

reconstruction rationnelle fait partie intégrante des « enjeux des programmes de recherche scientifiques ». Lakatos fait donc une critique interne de l'histoire des sciences et relève les insuffisances d'autres courants. Autrement dit, l'interprétation philosophico-scientifique que le justificationnisme, le conventionnalisme, le probabilisme et le falsificationnisme [méthodologique] naïf ont donnée regorge des limites, des insuffisances linguistiques. De fait, le problème de la rationalité devient délicat et implique tout de même une démarche qui se veut critériologique là où les problèmes sémantiques et syntaxiques prennent corps dans la science logico-mathématique.

D'après l'explication que donne Emmanuel Malolo Dissakè[163], le parallélisme entre l'histoire et la philosophie des sciences fait par Lakatos est un précepte qui exprime du bon sens qu'implique la nécessité d'une étude historiographique des programmes de recherche scientifiques : c'est une science qui étudie de façon rationnelle l'histoire des grandes découvertes et des révolutions scientifiques les plus fécondes. Toutefois, cette étude a pour objectif de rendre pure et intelligible l'histoire des sciences. En d'autres termes, la reconstruction rationnelle à la manière de Lakatos a pour dessein principal l'éliminabilité de l'histoire irrationnelle, temporaire, impure pour lui substituer une histoire pleinement rationnelle. L'histoire des sciences considérée comme un simple fait, comme un ensemble d'évènements est abandonnée, bannie au profit de celle qui est rationnelle ou mieux doublement rationnelle[164], celle qui donnera sens et

---

[163] Emmanuel MALOLO DISSAKE, *Mathématique pharaonique égyptienne et théorique moderne des sciences*, Dianoia, 2005, p. 125.

[164] Imré LAKATOS semble être insatisfait de la rationalité que lui offre la science. Il estime que la rationalité, à laquelle les scientifiques font allusion, n'est pas complète et totale. Ainsi, il va à la recherche de plus de rationalité.

valeur à l'actualité scientifique. Pour y parvenir, Lakatos pense qu'il faut dissiper les mauvaises interprétations.

L'ambition lakatossienne de reconstruire rationnellement le champ de recherche scientifique, en considérant à la fois l'enjeu de l'interaction entre le contexte de justification et le contexte de découverte, tel que nous l'avions montré dans *Penser l'épistémologie non classique des mathématiques chez Imré Lakatos*[Juillet 2016a], conduisant ainsi à un falsificationnisme méthodologique évolué, est à l'interface entre une construction épistémologique classique de la science logico-mathématique et une construction épistémologique non classique de celle-ci.

La méthodologie poppérienne ne sera pas tout de même acceptée par certains auteurs. C'est le cas de Dominique Lambert qui conforte la posture de Lakatos en remettant en question les critères de démarcation. Selon lui, la science n'évolue pas en soumettant la théorie isolée à l'éliminabilité. Aussi, affirme-t-il : « *Un test empirique ne peut jamais viser la confirmation d'une proposition isolée*»[165]. La thèse que Lambert développe récuse *ipso facto* l'idée d'une base empirique[166]comme le point référentiel pour valider toute proposition isolée. Dans l'introduction de la *Relativité de l'ontologie et autres essais* de Willard Van Orman Quine,

---

[165]Dominique LAMBERT, « Historicité et vérité : un point de vue du physicien » (pp. 107-133), in *Historicité et Vérité, Le supplément*, Revue d'éthique et théologie morale, sous la direction de Lucien Morren et Jean Laudrière, Paris, Cerf, janvier-juin 1994, p. 107.

[166] Rudolph CARNAP se donnait la tâche de « *traiter la thèse de la possibilité de principe de ramener tous les concepts au donné immédiat* ». Cf. *La Construction Logique du monde*, Paris, J. Vrin, 2002, p. 46. Il pose sa formule sur les orientations fondamentales des mathématiques formelles, au sens de l'empirisme logique, pour la construction du système de la connaissance et, leur caractère formel, logique devrait être indépendant vis-à-vis de la contingence du monde empirique. Ces idées lui viennent de l'étude de l'œuvre de Russell, de Wittgenstein et de Frege. La référence à la base empirique est bien le symbole scientifique que Carnap adopte dans sa construction logique, Cf., p. 6.

Sandra Laugier[167] critique le réductionnisme scientifique. Elle estime que le fait de croire que les énoncés doués de signification sont ceux qui se rapportent à une construction logique, à partir des termes qui renvoient à l'expérience empirique comme le soutiennent le positivisme logique et le Cercle de Vienne, est considéré comme un dogme. Quine rejette même l'analycité, au sens de Frege et Carnap, parce qu'elle fonde le caractère de la vérité sur des vérités logiques et des conventions linguistiques.

Un test ou un élément empirique ne peut pas être considéré comme vérificateur potentiel de la théorie scientifique. Cette contestation est claire dans la mesure où elle participe à l'illustration méthodologique de la thèse de Lakatos. À partir du moment où il est question d'entrevoir une série de théories testées ou falsifiées, l'intelligence que Lambert émet dans l'horizon de la discussion rationnelle ne consiste pas à prendre les théories isolément, mais à les considérer comme ce qui est en rivalité ou en lutte. L'idée soulevée par Lambert rejoint celle de Lakatos dans la rénovation de la rationalité scientifique au niveau de la méthodologie des programmes de recherche scientifiques, prise au sens d'une méta-reconstruction rationnelle.

Au regard de ce que nous venons de montrer, nous comprenons que Lakatos pose ici les idées fondamentales du falsificationnisme sophistiqué et rend clair l'ambiguïté suscitée par la démarche de Popper, lui qui confond ensemble de théories et séries de théories. On ne peut pas théoriquement soumettre une seule théorie au test empirique, mais on devrait la transporter dans un autre espace de rigueur là où elle sera en concurrence avec d'autres théories. Le contenu informatif théorique d'un programme de recherche peut aller, bien évidemment, au-delà de l'espace empirique actuel. Cela donnera lieu à une dynamique théorique de

---

[167] Willard Van Orman QUINE, *Relativité de l'ontologie et autres essais* Introduction par Sandra Laugier, Paris, Aubier-Montaigne, 1977, p. ix.

prédiction précédant l'exercice actuel de l'expérimentateur. Aussi, le caractère scientifique que Lakatos donne à une série de théories est le pouvoir d'expliquer la production des faits inédits. L'explication sophistiquée du falsificationnisme que propose Lakatos reconstruit la science et son histoire, si bien que le caractère nettement négatif du falsificationnisme naïf disparaît. Ainsi chez Lakatos, il est convenable de penser que l'apparition des théories meilleures, ou l'invention scientifique qui prédit des faits nouveaux et dont la falsification dépend, ne serait plus, méthodologiquement parlant, une simple relation logique entre la théorie et la base empirique, mais une relation épistémologique entre les séries de théories concurrentes et la base empirique « primaire » ou « originale » d'un côté, et de l'autre le contenu spéculatif de prédiction des faits nouveaux et la croissance empirique qui dévoilent la concurrence.

Dans cette contexture épistémologique, nous en conviendrons sur le fait que le contenu empirique auquel Lakatos fait allusion ne se construit pas à la manière des empiriques ou des réalistes. Le caractère empirique de la théorie se situe au niveau des faits inédits ou mieux des prédictions des faits. Ceux-ci ne viennent que pour confirmer ou infirmer (désapprouver l'affirmation théorique) la théorie qui prétend configurer (pour circonscrire les ensembles ou les sous-ensembles constituant un ou plusieurs éléments matériels pour en assurer la mise en pratique) et rassembler, dans son langage, l'ensemble d'éléments empiriques possibles. On peut envisager dans cet élan méthodologique, la référence à l'empirique qui occupe une place, bien sûr de choix chez Lakatos, beaucoup plus secondaire que primaire. La première recherche du théoricien, pense le philosophe hongrois, consiste à retrouver les sources de son intuition constructive pour élaborer premièrement un champ conceptuel mental qui donnera lieu aux articulations spéculatives ou langagières douées des faits inédits. C'est ainsi qu'une série de théories présentera chacune d'elles (théories) comme étant porteuse d'informations capables d'interpréter l'univers grâce à leurs énoncés auxiliaires. Ces informations peuvent être réfutées ou non à mesure que la théorie avance davantage dans la concurrence. De telles théories progressent théoriquement ou encore constituent un déplacement de problème théoriquement progressif. Le supplément de contenu empirique que Lakatos mentionne est le fait de rassembler par la théorie un maximum d'informations dans lesquelles se trouvent les faits inédits ou inattendus annoncés d'avance. Dans cette perspective, Lakatos prend une formule pour rendre cela plus explicite :

> Prenons une série de théories T_1, T_2, T_3..., chaque théorie étant obtenue en ajoutant des clauses auxiliaires à la précédente (ou en la réinterprétant sémantiquement) pour rendre compte d'une certaine anomalie, chaque théorie ayant au moins autant de contenu que le contenu non réfuté de la précédente. Nous dirons que cette série de théories est théoriquement progressive (ou qu'elle « constitue un déplacement de problème théoriquement progressif ») (...)[168].

La série de théories T_1, T_2, T_3 montre comment ces trois théories répondent aux deux règles fondamentales. La première règle consiste à faire de telle sorte que les contenus soient chargés d'informations potentielles théoriquement progressives pour constituer, de façon systématique, un changement progressif du dispositif théorique. La seconde consiste à rendre faisables les affirmations théoriquement progressives et prédire des faits empiriques en avance, même s'il n'existe pas en cet instant une base empirique disponible pour confirmer la théorie. Une telle posture nous amène à comprendre que dans la recherche de la rationalité, Lakatos invite tous les hommes de science à la tolérance argumentative et à la patience, à ne pas se précipiter à la

[168] Imré LAKATOS, *Histoire et Méthodologie des sciences, op. cit.*, p. 41.

découverte de la base empirique. La formule qu'il propose est celle qui consiste à avoir deux théories. Selon Lakatos, l'une est interprétative et l'autre est explicative. Celle qui est interprétative occupe une place stratégique dans la mesure où elle fournit les faits. La seconde peut rétracter formellement la première qui les fournit, parce qu'elle œuvre pour l'explication des faits. De ces deux théories, aucune n'est supérieure à l'autre, car la concurrence se fait entre la traduction ou l'interprétation et l'explication des faits. C'est en cela que réside la contradiction. Dans cet ordre d'idées, Lakatos explique que

> Le problème ne consiste donc pas à savoir quand nous devons nous en tenir à une « théorie » en face de « faits connus » et quand il faut procéder à l'inverse. Ce n'est pas de savoir que faire quand des « théories » entrent en contradiction avec des « faits ». Cette contradiction est seulement suggérée par le « modèle déductif monothéorique ». Qu'une proposition soit un « fait » ou une « théorie » dans le contexte d'une mise à l'épreuve dépend de notre décision méthodologique. La « base empirique » est une notion monothéorique. (...) Nous pouvons la prendre comme première approximation ; mais dans le cas où le théoricien fait « appel », nous devons utiliser un modèle pluraliste. Dans un tel modèle, la contradiction ne se situe pas « entre des théories et des faits », mais entre deux théories de haut niveau : une théorie interprétative qui fournit les faits et une théorie explicative qui les explique ; et la première peut se placer à un niveau tout aussi élevé que la seconde. La contradiction n'est plus alors entre une théorie logiquement de niveau supérieur et une hypothèse falsificatrice de niveau inférieur[169].

L'obsession à la base empirique est une posture réaliste. C'est plutôt la conception monothéorique qui privilégie la base empirique comme fondement de la production scientifique. Le monde déductif monothéorique ne suggère la contradiction que lorsque la base empirique

[169] Imré LAKATOS, *Histoire et Méthodologie des sciences, op. cit.*, pp. 57-58.

rivalise la théorie isolée. Cette conception n'est pas du tout acceptée dans la construction épistémique de la rationalité chez Lakatos qui donne aussi une nouvelle ouverture méthodologique. Selon Lakatos, le théoricien, dans les conditions de rejet, peut faire appel pour exiger la reprise du test. Cet appel signifie que le théoricien-concepteur de l'hypothèse ne se retrouve pas dans la démarche de l'expérimentateur. C'est pourquoi, il recourt à d'autres alternatives pour revendiquer son droit de protecteur et défenseur de la théorie. Cela renvoie à une quête de procédure méthodo-logique qui joue le rôle d'un arbitre entre la thèse du théoricien et le résultat donné par l'expérimentateur. L'appel est fait par le théoricien contre le verdict de l'expérimentateur. Ce dernier ne doit pas résister à cet appel et ne doit pas non plus être pressé à chercher la base empirique, parce que les théories énoncées prennent parfois un caractère subjectif au départ et, sa confirmation ou son objectivité peut prendre du temps avant de s'accomplir. Dans ce sens, Lakatos montre que « *(...) quand le théoricien fait appel contre le verdict de l'expérimentateur, la cour d'appel, normalement, n'interroge pas contradictoirement l'énoncé de base, mais plutôt la théorie expérimentative à la lumière de laquelle sa valeur de vérité a été établie.* »[170]

Nous estimons que le verdict de l'expérimentateur peut ou ne pas être vrai, ou peut-être faux, si les conditions dans lesquelles il a réalisé ses expériences, n'étaient appropriées ou admises dans la communauté des hommes de science. La cour d'appel consiste donc à interpeller l'expérimentateur pour qu'il reprenne ses expériences en tenant compte des indications prélatures que lui propose le théoricien. En prenant en compte les remarques proposées par le théoricien-concepteur, l'expérimentateur peut aussi découvrir ses erreurs et les rectifie. Cela amène à déduire que le travail de l'expérimentateur n'est pas, bien sûr, à mettre dans les

---

[170] Imré LAKATOS, *ibid.,* pp. 55-56.

« tiroirs », parce qu'il recèle une bonne partie de vérité et d'authenticité du point de vue empirique, mais il n'est pas autoritaire et n'occupe pas la première place dans la recherche des inédits. Les programmes de recherche scientifiques fonctionnent aussi bien sur la base des données empiriques que sur la spéculation ou les intuitions qui peuvent précédées la base empirique.

Nous déduisons qu'à partir de la procédure qui consiste à faire appel contre le verdict de l'expérimentateur, la démarche de Lakatos met en perspective une posture antiréaliste. Elle privilégie la pensée ou l'intuition et affirme que les énoncés ou les hypothèses sont des appareils scientifiques. Ceux-ci sont aussi capables de prédire les faits avec lesquels on n'est pas toujours censé rentrer en contact dans l'immédiat ou à l'instant. Dans ce sens, la description de Lakatos diffère de celle de Popper. Chez Lakatos par exemple, un programme de recherche peut posséder un pouvoir ''heuristique'' très différent qui lui permet d'énoncer de manière anticipée les faits, théoriquement inédits ou jusque-là jamais connus, au cours de son évolution, de son développement. Dans cette optique, Lakatos écrit :

> Bien que ma description de la rationalité scientifique soit fondée sur celle de Popper, elle s'éloigne de certaines de ses idées générales (…). De ce point de vue, les hommes de science (ainsi que les mathématiciens, comme je l'ai montré), ne font pas preuve d'irrationalité quand ils sont enclins à ne pas tenir compte des contre-exemples ou, comme ils préfèrent les appeler, des cas « récalcitrants » ou « résiduels » ; ils aiment mieux suivre la séquence de problèmes prescrite par l'heuristique positive de leur programme et ils élaborent – et appliquent – leurs théories sans s'en préoccuper[171].
>
> En opposition avec la morale falsificatrice de Popper, les hommes de science soutiennent souvent, et rationnellement (…) « qu'on ne peut se fier aux résultats expérimentaux ou que les divergences qui existent prétendument entre ces derniers et la théorie ne sont

[171] Imré LAKATOS, *ibid.*, p. 126.

qu'apparentes et disparaîtront quand notre compréhension aura progressé »[172].

Ici, Lakatos confirme son éloignement de la description de la rationalité à la manière de Popper, en dépit du fait qu'il fonde sa conception de la rationalité des programmes de recherche scientifiques sur la démarche poppérienne de la science. Selon Lakatos, les hommes de science ne se trouvent pas dans l'obligation de souscrire leurs théories à l'exigence de réfutations. Les contre-exemples sont des réfutations qui amènent la théorie à maturité, mais ne justifient pas toujours leur irrationalité ou le fait qu'elle soit considérée comme pseudoscience. Chaque homme de science ne peut suivre que l'heuristique positive de son programme de recherche qui lui ouvre la voie de la recherche et permet de régénérer les hypothèses auxiliaires au sein du glacis protecteur.

Le progrès de la connaissance, suivant une nouvelle compréhension de l'univers et le contexte de certaines vérités, peut changer. On ne devrait plus considérer comme théorie explicative, celle qui est judicieusement jugée haute par des faits fournis par l'expérimentateur. Les éléments de preuve expérimentaux ne suffisent donc pas pour rejeter une théorie. Car, cette procédure est une démarche qui répond purement au modèle mono-théorique ou déductif. Or, dans la procédure pluraliste que Lakatos envisage sans scrupule, il y a la prise en charge de la considération qu'on a d'une théorie interprétative ; ainsi, parce qu'elle est susceptible de juger les faits en cas de contradiction.

D'après Lakatos, les faits peuvent être aussi considérés comme des monstruosités. La base empirique ne peut pas se constituer en cadre de référence logique pour rejeter la théorie. C'est pourquoi, la décision ou le verdict de l'expérimentateur se retrouve dans une posture qui ne prime pas sur les théories. Ainsi, la nature ou la base empirique ne

---

[172] Imré LAKATOS, *ibid.*, pp. 126-127.

peut pas crier la théorie *''fausse''* plutôt qu'*incompatible*. Celle-ci étant différente de la ''fausseté'' peut être affirmée sans l'aide de la base empirique comme cela se démontre dans l'approche monothéorique. Le verdict d'un expérimentateur prend souvent la structure d'un indicateur potentiel de fausseté. Cependant, dans la démarche pluraliste, la véritable incompatibilité se désigne à partir d'un énoncé factuel construit sur la base d'une théorie en cause. Lakatos estime que si le théoricien est complètement insatisfait des résultats de l'expérimentateur, il peut procéder à ce qu'il appelle une procédure d'appel. Dans ce sens, il écrit :

> Nous avons ainsi établi une procédure d'appel pour le cas où le théoricien voudrait mettre en question le verdict négatif de l'expérimentateur. Le théoricien peut exiger que l'expérimentateur spécifie sa « théorie interprétative », et il peut alors la remplacer – au grand ennui de l'expérimentateur – par une théorie meilleure à la lumière de laquelle sa propre théorie, « réfutée » à l'origine, obtiendra une évaluation positive[173].

La manière de rejeter la théorie par l'expérimentateur ne donne pas à Lakatos la conviction de croire aux résultats expérimentaux. De ce point de vue, l'auteur montre une procédure judicieuse d'appel pour permettre au théoricien de plaider pour leurs théories au cas où ils ne trouvent pas satisfaction de l'enquête expérimentale. Dans cette contexture méthodologique, Lakatos rejette le fait que l'on considère l'incompatibilité comme un indicateur de fausseté potentiel, comme le verdict négatif de la nature. Celle-ci ne peut donc pas dire si un ensemble de théories est incompatible ou fausse. La méthodologie pluraliste dont Lakatos défend, rend effectif l'évolution des théories dans la mesure où la véritable incompatibilité, selon le verdict de la nature, prend la forme d'un énoncé factuel exprimé avec précision à la lumière de l'une des théories en cause. Le système monothéorique

[173] Imré LAKATOS, *ibid.*, p. 59.

prétend que le véritable *''Non''* de la nature prenne la forme d'une sentence, lorsque la nature elle-même se serait prononcée sur l'affaire et constitue tout de même la négation de la théorie.

Toutefois, même l'œuvre de l'expérimentateur peut être révoquée par le théoricien si tant est que son verdict ne le convainc pas. C'est ainsi que Lakatos prévoit une procédure d'appel, c'est-à-dire le théoricien peut rappeler l'expérimentateur sur le fait qu'il n'est pas convaincu de son verdict ou ses résultats. Dans des telles situations, l'expérimentateur sera obligé de reprendre ses expériences. Ainsi, il peut procéder en suivant la proposition du théoricien sur les manières d'accession et la façon dont il peut s'y prendre afin d'éviter de commettre un désarroi méthodologique et expérimental. Un exemple classique de schéma peut nous aider à illustrer cette confrontation épistémique entre le théoricien et l'expérimentateur. L'exemple sur la confrontation entre Newton et Flamsteed qui a produit un affrontement procédural sur les avancements de la science. En effet, le 1er septembre 1694, Flamsteed, premier astronome royal, reçoit Newton qui travaille à la théorie de la Lune. Flamsteed accepte d'expérimenter la théorie de Newton sur la Lune et la trouva nulle, indécente. Des limites que cette théorie présente lui a coûté le rejet systématique de la part de l'expérimentateur, Flamsteed. Insatisfait de ces résultats, Newton lui recommande la réinterprétation de certaine de ses données en lui donnant quelques indications et précisions sur la manière dont il devrait s'y prendre. Flamsteed accepte et se met à retravailler. C'est ainsi que le 7 octobre de la même année, Flamsteed s'est rendu à l'évidence que la théorie de Newton était une réussite. De là, il écrit une lettre à Newton en ces mots :

> Depuis votre départ, j'ai examiné les observations dont je me suis servi pour déterminer les plus grandes équations de l'orbite terrestre, et, considérant la place occupée par la Lune à ces

moments-là…j'ai trouvé (si, comme vous l'indiquez, la Terre penche de côté où la Lune se trouve alors) qu'on peut en rabattre environ 20[174].

Après avoir pris connaissance de cette lettre, Newton critique Flamsteed et corrige ces expériences. Lakatos veut montrer par cette lettre que Newton a enseigné davantage une meilleure théorie du pouvoir de réfraction de l'atmosphère à son ami Flamsteed. Ce dernier l'accepte humblement et corrige ainsi ses données primaires. Dès lors, on peut voir comment ce grand observateur, premier astronome royal, expérimentateur qualifié, Flamsteed a vu ses données remises en crise et accepte quand même de s'améliorer grâce aux critiques d'un homme qui ne fait pas d'observation et, pour tout dire, est théoricien du « fauteuil ». Newton a recouru à la procédure de la cour d'appel pour redresser l'expérimentateur qui a toujours adoré l'observation et la base empirique comme ce sans quoi la théorie ne peut pas être acceptée.

Lakatos ne rend pas cette procédure d'appel semblable au principe ultime et nécessaire de la science à première vue. Cela ne peut être possible que lorsque le théoricien n'est pas convaincu des résultats donnés par l'expérimentateur. Le théoricien choisit donc, dans le cas où il est insatisfait, soit de laisser, soit de recourir à la cour d'appel. Cette possibilité méthodologique ne constitue pas une obstination de la part de Lakatos, si bien qu'il a toujours montré que même cette procédure d'appel n'en demeure pas pour autant infaillible. Car il peut aussi arriver que les résultats soient en faveur de l'observateur ou de l'expérimentateur. Seulement, lorsqu'on appelle, Lakatos montre que la procédure d'appel peut retarder la décision de principe. Toutefois, Lakatos reconnaît la pertinence de l'expérience dans la controverse scientifique.

---

[174] Texte rendu disponible par Imré Lakatos dans *Histoire et méthodologie des sciences*, *op. cit.*, p. 59, note 3.

Il y a un autre cas de possibilité très sensible et similaire à la discussion Newton-Flamsteed qui interpelle la conscience du théoricien et de l'expérimentateur. C'est le débat qui opposait Heisenberg et Einstein sur la mécanique quantique. En effet, le principe d'incertitude de Werner Heisenberg nous donne quelque chose de pareil : $\Delta x\ \Delta p \geq \frac{\hbar}{2}$; c'est-à-dire Δx c'est l'incertitude sur la *position* et Δp c'est l'incertitude sur le *moment*. Les deux sont supérieures ou égales à la constante que Planck avait introduite pour expliquer certains phénomènes physiques. Einstein ne croyait pas au principe d'incertitude de Heisenberg. C'est ainsi qu'il avait imaginé[175] la possibilité d'un dispositif pour mettre en défaut le principe d'incertitude sur ΔT ΔE et non sur la *position* et le *moment*. Autrement dit, selon Einstein, le temps c'est la variable du hale de l'énergie. Einstein imaginait une expérience de pensée qu'il cherchait à rendre de plus en plus précise. Il crée, à cet effet, un système qui fonctionne de la manière suivante : par exemple ΔT peut être contrôlé à l'heure ou bien au temps précis et, ΔE donne l'énergie (et la fréquence). En fait pour Einstein, on peut connaître ΔT et ΔE avec une grande précision ; d'où le principe d'incertitude est sans signification. Contrairement à Einstein, Bohr croyait au principe d'incertitude de Heisenberg, et il craignait que cette théorie soit récusée par une expérience quelconque. Il se sentait effrayé parce que, lorsqu'il faisait des calculs avec le système qu'Einstein proposait, il pouvait constater que la constance de gravitation intervenait, alors que celle-ci était hors du jeu de la théorie de Planck. Après quelque recherche approfondie, Bohr trouva la réponse de façon ingénieuse et surprenante. Dans ses calculs, il constata que Einstein avait pendu la relativité générale qui prévoyait que le passage du temps passe différemment selon l'altitude, c'est-à-dire le

---

[175] Le fait d'imaginer renvoie explicitement à l'expérience mentale dont le théoricien peut faire montre dans la prédiction des faits inédits anticipés.

coefficient ΔT^2 était multiplié par un (1) plus deux (2) fois le potentiel newtonien. Selon les calculs de Bohr, c'est grâce au principe de la relativité générale, qu'Einstein avait lui-même inventé, qu'on a pu trouver la certitude du principe d'incertitude. Bohr donna finalement raison à Heisenberg, car on ne pouvait pas faire une expérience quantique et reproduire le résultat de cette expérience, c'est-à-dire qu'on pouvait refaire la même expérience avec tant de précisions possibles et ne pas reproduire les mêmes conditions initiales. Le résultat final n'aurait pas été le même à cause du principe d'incertitude de Werner Heisenberg. Cela veut dire que si Einstein n'avait pas réussi à découvrir la théorie de la relativité générale plus d'une quinzaine d'années avant, il aurait eu raison et personne n'aurait cru que le principe d'incertitude était valable. Mais, Einstein avait été mis en défaut à cause du principe de la relativité générale que lui-même avait inventé.

Après cette quête historiographique, Lakatos introduit la métaphysique comme domaine capable de faire progresser la science. C'est pourquoi, Lakatos élève la métaphysique au rang des sciences théoriques. Les programmes de recherche scientifiques considèrent la métaphysique[176], à cet effet, comme une partie nécessaire de la reconstruction rationnelle de l'histoire des sciences. Il affirme à propos : « *Nous conservons une théorie syntaxiquement métaphysique aussi longtemps que nous pouvons expliquer les cas problématiques en les modifiant de façon à augmenter le contenu dans les hypothèses auxiliaires qui leur sont rattachées.* »[177] La théorie syntaxiquement métaphysique constitue aussi le socle même d'un programme de recherche scientifique. C'est le « *noyau dur* » d'un programme qui demeure alors infalsifiable, intouchable, tant que son

[176] Imré LAKATOS, *Histoire et méthodologie des sciences*, *op. cit.*, pp. 208-209.
[177] Imre LAKATOS, *ibid.*, p. 52.

heuristique positive, qui s'ouvre à la recherche, à la découverte et à l'invention, est toujours susceptible de provoquer une progression, un déplacement du problème progressif au cœur même de son « *glacis protecteur* » des hypothèses auxiliaires. La métaphysique, dans l'optique de Lakatos, est donc d'une importance capitale. Elle devient également une hypothèse, une théorie parmi d'autres, lorsqu'elle organise et réorganise le progrès scientifique. Nous sommes convaincus que la symbiose méthodo-logique qui rend intelligible le progrès scientifique à la lumière de la démarche de Imré Lakatos n'est pas seulement de l'ordre de la philosophie analytique, car elle s'ouvre aussi aux considérations de la philosophie continentale, celles qui consistent à redonner sens et appréhension à la métaphysique – philosophie –, à l'histoire des sciences en général et à l'histoire des mathématiques en particulier. Même la philosophie des sciences ou des mathématiques ne saurait l'être définitivement de l'analytique parce qu'elle s'ouvre aux tentatives générales de l'histoire de la philosophie ou de l'histoire des sciences. Lakatos, pour appuyer cette idée, pense que

> On doit considérer la métaphysique cartésienne comme une bonne métaphysique, scientifique et empirique, provoquant un déplacement progressif de problème (...). Une théorie (syntaxiquement) métaphysique progressive produit un déplacement progressif prolongé dans un glacis protecteur de théories auxiliaires[178].

De ce point de vue, le critère de vérification des empiristes logiques regorge alors des limites, des imperfections, parce qu'il n'est pas évident que nous choisissions rationnellement la forme logique d'une théorie en raison de nos insuffisances. Cependant, Lakatos montre

---

[178] Imre LAKATOS, *ibid.,* p. 53.

que l'on ne devrait pas classer parmi les sciences[179] et les non-sciences que des théories isolées. En clair, le critère que le philosophe hongrois met est en jeu, c'est le critère d'évaluation d'une série de théories. La syntaxe ne peut pas déterminer ou évaluer rationnellement un énoncé ou une théorie à partir de la seule base empirique. La métaphysique, sous cet angle, est ainsi considérée comme un moment nécessaire de la science dans la mesure où elle peut prédire des faits inédits inattendus et donner la solution à certains problèmes. C'est pourquoi, chez Lakatos, les énoncés mathématiques ne peuvent être réfutés qu'à condition qu'ils entrent en guerre contre leurs rivaux. Le positivisme logique qui prône l'élimination de la métaphysique est remis en question par la nouvelle démarche épistémo-logique de Lakatos.

Défendant la démarche de la science en ces termes, Lakatos récuse l'idée selon laquelle la science est l'œuvre des organes de sens, c'est-à-dire l'approche qui déclare que seules les propositions qui présentent une image des éléments observables sont scientifiques. Pour rejeter cette conception, Lakatos[180] prend un exemple, à savoir que les observations faites par Galilée concernant l'observation des montagnes sur la lune et des tâches sur le soleil avaient récusé la théorie des corps célestes qui sont des boules de cristal sans défaut. Cependant, ces observations n'étaient pas des pures observations, parce qu'elles étaient l'œuvre des organes de sens ou sensoriels. Les observations de Galilée n'étaient pas authentiques ; d'où il est impossible de soutenir qu'il y a une démarcation naturelle, c'est-à-dire un cadre de référence empirique, parce que les jugements qui sont calqués sur les organes de sens sont souvent faux et trompeurs. Les organes de sens ne sont donc pas la source de nos connaissances,

[179] Imre LAKATOS, *ibid.*, p. 54.
[180] Imre LAKATOS, *ibid.*, p. 11.

parce qu'ils comportent une sorte de psychologie[181] naturelle constituant une frontière entre les propositions théoriques ou spéculatives et les propositions d'observations. C'est une psychologie qui traduit les organes de sens comme quelque chose de juste, c'est-à-dire de scientifique, estime Lakatos. Lakatos[182] critique aussi bien l'entreprise cartésienne que celle de Locke et donne raison à Kant et Popper. Cela ne pouvait qu'être ainsi, puisqu'il a été influencé par Kant, Popper et d'autres philosophes.

I.5.1. Exigence méthodologique d'un méta-critère chez Lakatos.

Avant de définir la conceptualisation épistémique de l'exigence méthodologique d'un méta-critère chez Lakatos, nous essayons de récapituler certaines postures déjà énoncés dans la rubrique précédente. Ce récapitulatif n'est pas à considérer comme une redondance. Car, nous interrogeons encore le falsificationnisme méthodologique que Lakatos a translaté et donné un sens nouveau. Ainsi, notre interrogation demeure toujours d'actualité : l'expérience joue-t-elle un rôle dans la démarcation ? L'expérience nous enseigne-t-elle sur les théories scientifiques ? Pour répondre à ces questions, Lakatos met en contraste, comme il est d'enjeu dans son style, l'inductivisme et les autres reconstructions rationnelles. La rigueur inductiviste enseigne qu'une expérience n'est basique que lorsqu'on peut, à partir d'elle, induire certaines lois de la nature. Les inductivistes considèrent la force de l'expérience cruciale dans la réalisation d'une vérité scientifique. L'induction devient le moment crucial de l'évaluation des théories et de la décision méthodologique. L'expérience désapprouve ou approuve la théorie, car même les théories rivales doivent discuter la première place devant

---

181 Imre LAKATOS, *ibid.*, p. 10.
182 Imre LAKATOS, *ibid.*, p. 12.

une base empirique remplie d'informations. Mais, le fait de procéder par l'expérience pour démontrer la scientificité d'une théorie ne satisfait pas Lakatos. L'expérience, qu'elle soit cruciale ou non, ne peut à la limite montrer que la fausseté des théories. Lakatos se soustrait à cette posture et soutient que l'expérience n'est toujours pas en mesure de la prouver à cause des anticipations de certaines théories. Les théories scientifiques peuvent ainsi précéder les faits et annoncer les faits inconnus. Popper essaye de sauver le falsificationnisme de cette impasse épistémologique à cause de laquelle certains ont succombé. En dépit de la force sémantique du falsificationnisme, le conventionnalisme exprime une répugnance à la méthodologie poppérienne, parce que les théories ne peuvent pas être exclusivement réfutées. Même si Popper défend sa thèse sur le fait que toutes les théories soient des conjectures et, de ce fait, on peut accepter certains et rejeter d'autres.

L'organisation des normes scientifiques chez Popper se traduit en termes de logique de la découverte scientifique qui engendre un système d'apprentissage ou un critère de démarcation pour définir le jeu de la science. Pour Lakatos, cette organisation n'est qu'une fantaisie, sinon un échec méthodologique. Chez Popper, les théories ne sont pas basées sur les faits établis ou probabilisés, mais sont falsifiées singulièrement par ceux-ci. L'éliminabilité étant un terme qui s'unit à la réfutation, est l'angle sous lequel Popper traduit le processus du progrès scientifique. Cela s'explique aussi au moyen de la méthodologie des essais et erreurs pour éliminer des théories que Popper trouve inadéquate ou fausse. Les essais et erreurs que Lakatos trouve médiocre, s'appuient sur des déclarations observationnelles. Lakatos répugne les indications méthodologiques de cette démarche, car s'il est possible de concevoir que l'observation domine sur des théories, alors l'histoire des sciences sera tout de même considérée comme une série de duel entre la théorie et l'expérience dans laquelle seule cette dernière est vainqueure. Après avoir compris cela, Lakatos est convaincu que l'histoire des sciences ne peint pas un tableau discriminatoire auquel se trouvent d'un côté, des théories rejetées, et de l'autre, des propositions acceptées. Lakatos reproche à Popper le fait qu'il confond un nombre de systèmes de séries de théories et le système isolé d'évaluation de celles-ci (théories). Aussi, la méthodologie de Popper est-elle incapable de répondre à la question de savoir dans quelle condition doit-on abandonner un critère de démarcation.

Lakatos va éclater le falsificationnisme en deux tendances en l'occurrence le naïf et le sophistiqué pour faire jaillir le méta-critère de démarcation. Il part d'un fait. Comme on peut l'estimer, Popper voudrait qu'un système scientifique donne en lui-même les conditions de sa réfutation, autrement il est déclaré pseudo-scientifique. Le problème de Popper, estime Lakatos, était de trouver une interprétation scientifique en fonction de laquelle les théories concernant devraient nécessairement suivre ses jugements de base pour donner une solution imaginaire. Dans ce sens, les expériences cruciales dont Popper fait allusion, ne saurait exister. Les hommes de science ne les acceptent que pour écarter ce qu'ils croient être pseudo et pour accorder plus d'honneur à leur théorie. Et s'ils considèrent les expériences cruciales comme preuve ultime pour confirmer les théories, c'est parce qu'ils confèrent à certaines anomalies une place de choix, lorsqu'ils réalisent qu'un programme de recherche reste longtemps vaincu. Il ne faut donc pas croire, estime Lakatos, qu'une expérience cruciale décrite par une base de déclaration peut faire l'objet d'une acceptation. Chez Lakatos, le progrès et l'apprentissage doivent être faits d'exemples qui vérifient le contenu de chaque programme de recherche plutôt qu'en les falsifiant. Avant qu'une théorie ne soit modifiée, Lakatos pense qu'on ne peut nullement connaître la manière dont elle a été modifiée. Les modifications les plus importantes sont stimulées par l'heuristique positive du programme de recherche et non par les anomalies.

Dans un dispositif plus normatif, Lakatos présente un méta-critère, c'est-à-dire une falsification de la théorie falsificationniste des expériences cruciales, cela nous conduit systématiquement à ce méta-critère. Ainsi, il la présente en deux phases avec quelques modifications légères. Premièrement, Lakatos estime que si la norme ou règle universelle se détache du jugement particulier basique normatif, il est évident qu'on accorde une période de réflexion à la communauté scientifique. Dans ce sens, les falsifications ne doivent pas être précipitées : ces falsifications légèrement modifiées sont du deuxième ordre. Deuxièmement, Lakatos présente une méthodologie du deuxième ordre de la méthodologie des programmes de recherche encore appelée la méthodologie des programmes de recherche auto-appliquée. Suite à cette explication, Lakatos refuse d'accorder la première place à l'expérience. Il estime qu'on ne peut pas rejeter une théorie de la rationalité de grande envergure qui essaye d'organiser les jugements de base de valeur universelle. Un tel programme de recherche ne peut pas être rejeté parce qu'on y a trouvé certaines anomalies. Lorsqu'un programme de recherche anticipe plus des jugements de bases supplémentaires inattendues obligeant les hommes de science à revisiter leurs anciens programmes, cela marque déjà un impact considérable dans l'histoire des sciences. L'anticipation des jugements de bases est une méthodologie quasi empirique des programmes de recherche. Ce méta-critère peut aider à comparer les différentes logiques rivales de la découverte et comprendre l'évolution dans la connaissance de la méta-science. C'est ainsi que le progrès dans la théorie de la rationalité, dans le dispositif de Lakatos, se fonde sur les découvertes et redécouvertes historiques des valeurs rationnelles. Telle est la manière la plus appropriée pour Lakatos de définir un méta-critère de démarcation.

Chapitre second :

Nouvelle posture épistémique des programmes de recherche scientifiques

En tant qu'ensemble ou série de théories, les programmes de recherche scientifiques possèdent une structuration logique qui leur donne une nouvelle configuration épistémique. Pour une compréhension plus ou moins exhaustive, nous procédons par une construction logique des programmes de recherche qui rouvrira, dans le contexte épistémo-logique, les pistes et dédales des heuristiques comme nouvel horizon de la reconstruction scientifique pour donner lieu à une appréhension épistémique telles que l'heuristique négative et l'heuristique positive. Ainsi, le « noyau dur » et l'heuristique négative révèlent le cadre complexe de la science et la difficulté qu'il y a quand il s'agit de la construction et la reconstruction des programmes scientifiques. Cela veut dire que les deux constituent une réduction et une fermeture méthodologique. Car ces deux termes ne donnent pas, du point de vue de la rigueur logique et rationnelle, une démonstration scientifique et logique de la croissance de la science. Ceci étant, la posture épistémique que donnent le glacis protecteur et l'heuristique positive ne se soustrait pas à la connotation réductrice de l'heuristique. Dans ce sens, le glacis protecteur et l'heuristique positive sont une ouverture scientifique par le fait qu'ils constituent une amplification méthodologique de la croissance de la connaissance. De cette ouverture méthodologique, notre argument prend pour point de chute la conception historiographique des programmes de recherche scientifiques, pour ainsi élargir la critique du « noyau dur » et de l'« heuristique négative » possédant en eux-mêmes un paradoxe méthodologique.

II.1. Construction logique des programmes de recherche scientifiques

Dans la construction épistémo-logique des programmes de recherche scientifiques, une évidence se montre prouvable en termes de règles méthodo-logiques. Apprenons d'abord qu'un programme de recherche est une structure dans laquelle s'insèrent la théorie et l'activité scientifique orientées et ayant pour centre la théorie elle-même. Un tel programme de recherche peut se développer pendant un temps donné sans pour autant qu'une quelconque observation expérimentale ne puisse être réalisée pour ou contre lui. Ainsi, Lakatos accorde une certaine période de maturation à la théorie, c'est-à-dire une période où la théorie connaitra un progrès, une évolution. Dans le cas où la théorie est devenue mature, elle est soumise à la falsification et doit, de ce fait, être susceptible de certaines choses telles que : définir des orientations pour la recherche avenir qui permettront à la théorie d'évoluer et de demeurer actuelle ; être capable de conduire à la découverte des phénomènes nouveaux qui prédisent des inédits. En réalité, dans le sillage de Lakatos un programme de recherche doit être bon et fertile, c'est-à-dire qu'il doit englober un ensemble d'informations, mener une recherche active et fructueuse tout en produisant un grand nombre de nouvelles découvertes. Chez Lakatos, un tel programme de recherche est progressif. En revanche, un mauvais programme est souvent stérile. Sa composition heuristique ne donne pas la possibilité d'avancer et n'apporte aucune nouvelle information théorico-empirique. Une telle disposition des programmes de recherche conduit ceux-ci à la dégénérescence. Autrement dit, entre deux programmes de recherche scientifiques le meilleur est toujours le plus progressif. Tel est le but ultime de la science, c'est-à-dire la recherche passionnée d'un programme plus performant est toujours progressif.

Des programmes de recherche qui déclenchent la croissance de la connaissance se caractérisent par une suite d'informations ou de contenus empiriques authentifiés par l'expérimentateur. Cela s'explique par le fait que l'évolution objective de l'émergence des sciences obéit à une démarche curvilinéaire qui montre les déplacements progressifs et dégénératifs de problèmes au sein des séries de théories scientifiques. Lakatos caractérise ces théories, pour le développement des sciences, par une chaîne continuelle qui relie non seulement leurs termes, mais aussi résulte d'un programme de recherche incontesté ou authentifié. Selon Lakatos, il est nécessaire que ce programme se soit composé des règles méthodo-logiques sur des voies heuristiques[183]. Ces voies heuristiques sont pluridimensionnelles du fait qu'elles sont composées d'une heuristique négative qu'il faut éviter selon Lakatos, et d'une heuristique positive, qu'il faut poursuivre. En d'autres termes, on peut comprendre la thèse de Lakatos lorsqu'elle est en confrontation avec le falsificationnisme méthodologique. Selon la thèse falsificationniste, on abandonne une théorie lorsqu'une observation expérimentale devient pour elle un contre-exemple. Cependant, la vision de Lakatos sur l'histoire des sciences ne s'accommode pas avec les postures réalistes qui, surtout à la manière de Popper, accordent une attention particulière aux observations expérimentales. Cette vision falsificationniste n'est pas fidèle à l'histoire des sciences. Lakatos propose une autre démarche qui restreint le champ

[183]Selon André LALANDE, l'heuristique est ce qui conduit à la recherche, à la découverte scientifique. Le terme se dit d'une hypothèse dont on ne cherche pas à savoir si elle est vraie ou fausse, mais qu'on adopte quand même à titre provisoire comme une idée directrice dans la recherche des faits empiriques. Cf. André LALANDE, *Vocabulaire technique et critique de la philosophie,* Paris, P.U.F., 1991, p. 412.

d'application du falsificationnisme méthodologique, d'où est venue la réinterprétation de la logique de la découverte. Car, au lieu de parler des théories, Lakatos procède en termes des programmes de recherche scientifiques.

Un programme de recherche est structuré de la manière suivante : un noyau théoriquement dur, protégé de toute falsification par le « glacis protecteur » qui, en lui-même, constitue une ceinture d'hypothèses auxiliaires qui ne sont pas *ad hoc*. Une telle structure constitutionnelle prend forme à partir de ce que Lakatos appelle l'« heuristique positive ». Ce « noyau dur » ne se suffit pas en lui-même, car un travail de recomposition doit y avoir lieu visant à compléter ce dernier par des nouvelles hypothèses auxiliaires explicatives et prédicatives. Le falsificationnisme prend ainsi la forme d'une application scientifique. Lakatos recadre cette posture parce qu'il l'appelle l'« heuristique positive ». C'est dans cette énonciation que la falsification des hypothèses et la découverte des inédits sont possibles. Il y a donc concomitance entre les deux axes que Lakatos met en place pour la recherche scientifique notamment le « noyau dur » et l'« heuristique négative » d'un côté, et le « glacis protecteur » et l' « heuristique positive » de l'autre. La relation entre les deux devrait conduire le chercheur jusqu'au bout de sa quête, même si le programme de recherche qu'il soutient est en position de déclin.

Autrement dit, la composition systématique des règles méthodologiques se trouve envisagée sur les axes de recherche que Lakatos explicite le sens. Selon les termes que l'auteur emploie, il se trouve que la recherche scientifique soit réorganisée de façon complexe, car les axes programmatiques à éviter s'entendent en des termes d'« heuristique négative » tandis que les axes programmatiques et organisationnels à poursuivre s'expliquent par une « heuristique positive ». Les heuristiques – négative et positive – ne donnent qu'une explication implicite du cadre conceptuel, c'est-à-dire du langage. Ainsi les heuristiques, telles qu'elles se présentent dans leur composition positive et négative, transfèrent une signification implicite du langage scientifique ; d'où l'on reconnait le fait que l'histoire des sciences soit celle des programmes de recherche plutôt que des théories comme le croit Popper, en dépit de sa règle heuristique qui suppose imaginer des conjectures qui ont plus de contenus empiriques satisfaisants que des conjectures antérieures.

Aussi, faut-il rappeler que les heuristiques étant des règles méthodologiques sont aussi considérées comme des principes métaphysiques. Cela ne veut pas dire que Lakatos exclut dans ce type de principes, l'absence d'indicateurs potentiels de fausseté. Lakatos récuse plutôt la posture qui rejette les énoncés ou les principes métaphysiques. Les heuristiques – négative et positive – ne donnent pas une définition exacte de ce cadre conceptuel. C'est ainsi que nous résolvons de définir la démarche de Lakatos comme approximative à celle de Popper. Autrement dit, la contexture épistémique à travers laquelle nous considérons la science chez Lakatos, est un discours qui englobe tous les programmes de recherche scientifiques et qui se soumet à la démarche suprême de Karl Popper, celle notamment qui privilégie des conjectures possédant une charge empirique plus importante que les conjectures précédentes. Soulignons que Lakatos[184] ne considère pas la science dans son ensemble, mais seulement des programmes de recherche scientifiques authentiques particuliers. Ceux qui tentent d'expliquer l'univers comme un système qui fonctionne à partir d'un principe heuristique. De ce fait, une explication « *métaphysico-méthodo-logique* » peut être acceptée si et

---

[184] I. LAKATOS, *Histoire et méthodologie des sciences, Programme de recherche et reconstruction rationnelle*, traduction de l'anglais pour Catherine Malamoud et Jean fabien Spitz sous la direction de Luce Giard, Paris, P.U.F, 1994, pp. 62-63.

seulement si elle provoque un déplacement progressif de problèmes à partir de son contenu empirique. Le cadre conceptuel ou langagier des deux heuristiques est très important.

Les voies heuristiques comme « *réduction et fermeture* » de la science d'un côté, et de l'autre côté comme « *ouverture et amplification* » méthodo-logique donnent un nouveau tableau de compréhension à la démarche lakatossienne. L'acceptation et l'in-falsifiabilité du « noyau dur » posent le problème de fertilité et de reproduction scientifique. Si Lakatos prétend évoquer l'idée d'un noyau irréfutable, c'est parce qu'il pense à la possibilité d'une conservation méthodologique. De là peut se confirmer le dogme lakatossien. Il faut donc aller à l'appréhension épistémique de la construction structurelle et logique des programmes de recherche scientifiques si tant est qu'ils sont formés d'un « noyau dur » et d'un « glacis protecteur ».

II.1.1. Voies heuristiques comme perspective de la reconstruction rationnelle

Les voies heuristiques sont des pistes de recherche qui favorisent la reconstitution logique de l'histoire et la philosophie des sciences à partir de la structuration d'un programme de recherche. Cette logique s'établit dans l'explication évolutive des théories scientifiques. Elle ouvre aussi un tableau systématique montrant que d'un côté, comme nous l'avions démontré, Lakatos œuvre pour la réduction et la fermeture de la recherche scientifique et, de l'autre côté, il prône l'ouverture et l'amplification de la critique ; car, à partir du moment où l'heuristique négative constitue la voie de la recherche à éviter, la recherche de la rationalité à notre sens devient inutile et la critique complètement sacrifiée. La science devient chez Lakatos un domaine réservé au spécialiste, parce que même son langage change de contexture épistémique et donne un nouveau tableau référentiel du progrès scientifique.

Sur les voies heuristiques, la démarche scientifique s'accorde premièrement sur la voie à éviter, notamment le « noyau dur » qui correspond à l'« heuristique négative » d'un programme. Lakatos montre de quoi ce dernier est composé, c'est-à-dire quels sont les éléments qui le constituent. Un programme de recherche scientifique incarne dans sa globalité des croyances théoriques qui sont empiriquement infalsifiables par des hommes de science appartenant au même programme. Il présente un agrégat d'hypothèses dont la validation ou l'invalidation est impérativement interdite par l'heuristique négative. Il y a donc interdiction formelle pour des scientifiques de se questionner à l'intérieur du programme. Cette démarche s'appesantit deuxièmement sur la voie heuristique à suivre notamment « le glacis protecteur » qui correspond à l'« heuristique positive » d'un programme. Le glacis ouvre la voie à la recherche scientifique. C'est ici que la production et la confrontation des hypothèses falsifiables sont reproduites grâce au « glacis protecteur » qui représente la ceinture électrique protégeant le « noyau dur » du programme.

Nous allons donc démontrer que la voie de recherche dans laquelle le chercheur ne devrait s'aventurer se cache une attitude non scientifique. Car, le questionnement peut submerger de l'intérieur même du programme lorsque le chercheur voulant relever certaines équivoques, constate un phénomène nuisible à l'intérieur même du système qui tend à compromettre le progrès normal du programme de recherche. Ainsi, comment le « noyau dur » et l'« heuristique négative » réduisent et ferment-ils la recherche scientifique ? C'est dans ce contexte épistémo-logique que nous pourrons examiner cette thèse métathéorique de Lakatos.

II.1.1.a. Noyau dur et heuristique négative : réduction et fermeture méthodologique ?

La réduction et la fermeture méthodologique que nous posions à titre interrogatif cherche à démontrer, dans la mesure du possible, le fait que Lakatos n'ait pas pu maintenir la spéculation dans le système de production intellectuelle et/ou scientifique. Lorsque, par décision méthodologique, les scientifiques ne peuvent plus remettre en crise ce qu'ils ont construit, cela montre l'attitude dogmatique et fanatique qui dévie le vrai contexte philosophique envisageant l'autocritique. Voici comment Lakatos présente sa thèse : « *L'heuristique négative spécifie le « noyau dur » du programme qui est « irréfutable » par la décision méthodologique de ceux qui l'ont proposé* »[185]. L'irréfutabilité du programme issue de la concession fait par la communauté scientifique partageant le même paradigme, est à notre point de vue, une décision méthodologiquement dogmatique et irrationnelle. Nous nous posons les questions suivantes : quel est le contenu du « noyau dur » et comment le chercheur le tient-il contre les contre-verdicts de l'expérimentateur ou des autres théoriciens ? Comment arrive-t-il au scientifique de concevoir et d'adopter l'irréfutabilité du « noyau dur » ?

Dans le cadre méthodologique, l'adoption du « noyau dur » dépend de la décision des partisans du programme de recherche. De là, le « noyau dur » est rendu systématiquement irréfutable. Cette posture nous amène à comprendre que la discussion scientifique qui engendre création et découverte est méthodologiquement réduite et fermée, pour le simple fait que cette communauté dicte les orientations du programme et détermine à l'avance les voies et méthodes de recherche interdites ou mieux à éviter afin de

---

[185] Imré LAKATOS, *Histoire et Méthodologie des sciences, op. cit.*, p. 66.

garantir l'irréfutabilité de leur noyau qui prétend être théoriquement dur. Autrement dit, les partisans d'un programme mettent en place une plateforme pour donner au « noyau dur » la prééminence épistémique afin de le poser rigoureusement comme inattaquable ; considéré de cette manière, le noyau dur prend le sens d'une pensée axiomatique. La recherche, la spéculation et la critique ne sont plus admises et perdent leur efficacité. Ces voies, rigoureusement interdites, constituent aussi en elles-mêmes une loi, un axiome qui empêche systématiquement le chercheur de diriger les contre-exemples au centre du noyau, d'autant plus que les partisans du programme déploient vigoureusement toute leur force et ingéniosité en vue de la mise en œuvre des hypothèses auxiliaires devant servir de garde-fou au « noyau dur ». Ce garde-fou est à entendre comme un bouclier électrique neutralisant toute sorte de réfutations qui auront pour dessein la destruction ou la déconstruction du « noyau dur ».

Nous constatons que l'adoption du « noyau dur » fait totalement oublier l'existence des anomalies auxquelles peuvent se heurter les théories qui les constituent et les effets rationnels ou aléatoires qu'elles (anomalies) pourront produire. Le paradoxe est tout à fait clair à ce niveau, surtout lorsque l'auteur conçoit l'idée selon laquelle le « noyau dur » du programme se maintient et émerge même dans un océan d'anomalies. Même si Lakatos peut se rendre compte du fait que la construction méthodologique des programmes de recherche scientifiques s'illustre et se justifie dans le développement des programmes antérieurs, il serait toujours possible de soutenir qu'une telle conceptualisation ne peut le conduire qu'à la défense de sa thèse qui se réfère parfois à des exemples fictifs. Par exemple, il se sert d'un micro-exemple imaginaire pour illustrer le schéma que Newton appelle ''l'histoire d'un écart de conduite planétaire''. Cette belle illustration interpelle quand même la conscience de tous les hommes de science et, surtout le physicien-théoricien et l'expérimentateur (voire même l'observateur) qui a l'habitude soumettre les théories à l'observation et/ou à l'expérimentation. Cela ressemble à un type de physicien qui se sert de la mécanique newtonienne, de sa loi de la gravitation et de ses conditions initiales pour déterminer la trajectoire de la planète *p* nouvellement découverte. Le premier résultat démontre que la planète *p* dévie la trajectoire déterminée. Au lieu de prendre la déviation comme étant simplement une indication proscrite par le programme de Newton, on vérifie si elle est installée pour enfin déduire que la théorie de la déviation falsifie la loi de la gravitation. Dans ce sens, le physicien-chercheur – théoricien – lutte pour l'existence d'une autre planète *p'* qu'on n'a pas encore jusque-là découvert et qui dévie aussi la trajectoire de *p*. Ses calculs lui offrent des données correspondant à cette planète, c'est-à-dire sa masse et son orbite, afin que le physicien-chercheur recourt à l'expérimentateur pour vérifier la validité ou l'invalidité de son hypothèse.

Mais, à cause du fait qu'elle est extrêmement minuscule, la planète ne peut être observée. Mais, lorsque l'adaptation des instruments requis est authentifiée et si l'observation atteste l'existence de cette planète, cela constituera une nouvelle victoire ou un déplacement progressif du programme de Newton. Pourtant, ce n'est pas le cas. Quoique la planète *p'* n'est pas observée, le physicien-chercheur n'abandonnera pas l'hypothèse d'une planète perturbatrice. Il avance l'hypothèse de la poudre cosmique qui cache la planète *p* et la rende invisible. Malheureusement, les satellites n'attestent pas cette nouvelle hypothèse. L'infatigable physicien-chercheur admet alors l'hypothèse d'un champ magnétique perturbateur dans la région de l'univers où se situe la planète *p* et qui perturbe le fonctionnement des outils d'observation. Le succès empirique de cette hypothèse concourt à une victoire éclatante du système de Newton. L'échec de l'hypothèse ne signifie pas la réfutation du programme de Newton, parce que le physicien-chercheur peut l'amender avec des hypothèses ou simplement l'abandonner et continuer à développer le programme sous un autre angle de recherche.

Lakatos voit dans le système newtonien, en l'occurrence la théorie de la gravitation universelle, le modèle par excellence d'un programme de recherche scientifique complètement réussi. Au départ, Lakatos estimait que la théorie newtonienne de la gravitation émergeait dans un océan d'anomalies lorsqu'elle fut entrée en contradiction avec les théories d'observation régissant ces anomalies. Selon Lakatos, le programme de Newton demeure instructif dans la recherche, surtout lorsqu'on apprend que l'heuristique négative empêche le chercheur de réfuter les trois lois de la dynamique ainsi que la loi de la gravitation. Ces quatre lois rassemblées constituent, selon Lakatos, le « noyau dur » décidé infalsifiable par les partisans du programme. Les contre-exemples quant à eux, ne peuvent opérer des changements qu'au niveau des hypothèses d'observation et des conditions initiales formant le glacis protecteur du « noyau dur ». A l'issue de son analyse, Lakatos situe le caractère paradigmatique du système newtonien dans l'idée que chaque maillon qui forme la chaîne prédit un fait nouveau, chaque étape de prédiction représente une augmentation de contenu empirique et se vérifie à la fin. L'ingéniosité de Newton et de ses partisans consiste alors d'avoir tour à tour transformé ces anomalies ou contre-exemples en éléments de corroboration. Cet effort nécessite le renversement des théories initiales d'observations qui avaient fondé des contre-exemples. Ainsi, chaque difficulté devient en réalité un triomphe. Le critère de jonction d'hypothèses reste la compatibilité et la prédiction de la nouveauté factuelle ainsi que de la nouveauté théorique. Le progrès théorique se discerne plus facilement et paraît plus évident que le progrès empirique. Les hypothèses assez fortes, porteuses de nouveauté factuelle, peuvent paraître après une longue série de réfutations. Elles exigent un certain recul en vue de transformer la chaîne de défaites en excellent succès, après que le chercheur eût corrigé les faits erronés ou adapté de nouvelles hypothèses à la théorie. Toute nouvelle étape d'un programme de recherche doit impérativement opérer un accroissement régulier de contenu, surtout théoriquement. La croissance empirique n'est exigée que par moments.

En effet, pour Lakatos, l'idée d'une heuristique négative apporte une certaine rationalité ou simplement rationalise le conventionnalisme dogmatique. Il soutient que les défenseurs du programme de recherche peuvent rationnellement décider de ne pas permettre aux réfutations de transmettre la fausseté au « noyau dur », tant que la possibilité d'accroître son contenu informatif corroboré par le glacis protecteur reste ouverte. De cette façon, la méthodologie des programmes de recherche scientifiques se démarque du conventionnalisme justificationniste de Poincaré pour s'allier à celui de Pierre Duhem. La structuration d'un programme de recherche scientifique est tout aussi simple que Lakatos ne redoute pas qu'elle se caractérise, de façon synthétique, d'un « noyau dur » possédant une heuristique négative et un glacis protecteur, renfermant une heuristique positive. La caractérisation synthétique de la structure d'un programme de recherche, dans le dispositif de Lakatos, constitue une recomposition méthodologique de l'évaluation des théories et de la croissance du progrès scientifique. Une telle constitution permet au programme de résister contre les attaques extérieures. Voyons comment Lakatos développe cette idée :

> Tout programme scientifique de recherche peut se caractériser par son « noyau dur ». L'heuristique négative du programme nous empêche de diriger le modus tollens contre ce « noyau dur » (...)

> Nous devons, au contraire, mettre toute ingéniosité à formuler ou même à inventer des « hypothèses auxiliaires » formant un glacis protecteur autour du noyau ; c'est contre elles que nous devons réorienter le modus tollens, et ce sont elles qui doivent soutenir le choc des mises à l'épreuve et être adaptées, ou même remplacées de fond en comble pour défendre le noyau qu'on rend ainsi plus dur[186].

Suivant ce développement, Lakatos montre comment on devrait s'y prendre quand il faut diriger et appliquer les différents éléments constitutifs d'un programme. Lorsque les anomalies envahissent le glacis protecteur, il y a là le devoir d'inventer les hypothèses auxiliaires qui créent les propriétés générales et la forme du glacis protecteur. En d'autres termes, les hypothèses auxiliaires constituent un agrégat structuré d'éléments organisés dans un cercle dont l'assemblable harmonieux engendre une relation sémantique. C'est donc contre les hypothèses auxiliaires que l'expérimentateur réoriente le *modus tollens*, car ce sont elles qui soutiennent le choc de mise à l'épreuve ou de la mise à plat et, peuvent-être adaptées voire remplacées de fond en comble pour protéger le noyau contre les attaques.

Lakatos dégage les différents éléments constitutifs d'un programme de recherche scientifique. A le suivre, un programme scientifique est composé d'un « noyau dur » d'un « glacis protecteur » et de deux « heuristiques ». Ce qui nous intéresse dans cette sous-section, c'est l'heuristique négative qui constitue le point culminant du « noyau dur » d'un programme. Son rôle est magistral et décisif chez Lakatos. Sa présence impressionne et sa fonction détermine le type de relation qui s'établit dans la construction des hypothèses. Cependant, la question qu'on se pose est celle de savoir : comment le *modus tollens* ne peut pas être dirigé contre le « noyau dur » ? Cette question est décisive à notre sens, car elle révèle même l'arrière-plan du « noyau dur ». Le *modus*

[186] Imré LAKATOS, *ibid.*, p. 63.

tollens est pourtant un argument déductif qui constitue autant que possible un contre-exemple vis-à-vis d'une déclaration ou d'une hypothèse. Le *modus tollens* en tant qu'argument logique nie pour nier, mais cela ne veut pas pour autant dire que son action est affaiblie et son importance limitée devant le noyau dur d'un programme. La théorie héliocentrique de Copernic par exemple est un programme de recherche dont le « noyau dur » est l'hypothèse qui stipule que les planètes tournent autour du soleil sur des orbites circulaires. Certaines expériences obtenues au moyen des observations faites sur le mouvement des planètes étaient éventuellement contradictoires avec la théorie, mais grâce à l'introduction des épicycles circulaires, la théorie a été ingénieusement protégée contre la falsification. On peut également souligner le fait que la mécanique de Newton était incompatible avec le mouvement de la planète Mercure. Cependant, Lakatos soutient que son « noyau dur » a été théoriquement protégé par des hypothèses auxiliaires, en occurrence l'impact d'un astre inconnu orbitant entre le Soleil et Mercure. L'hypothèse d'un « noyau dur » intouchable est une idée qui nous amène à penser que la construction épistémique de Imré Lakatos n'est pas loin de sortir du cadre méthodologique et scientifique. Le fait qu'il octroie au « noyau dur » des dispositions non rationnelles compromet son action positive et oublie que la science ou la philosophie est basée sur les fondements spéculatifs et critiques. Refuser la critique contre le « noyau dur » revient à comprendre que la spéculation philosophique n'a plus sa place dans la reconstruction rationnelle des énoncés scientifiques. Ainsi, Lakatos présente encore cette thèse de l'irréfutabilité du « noyau dur » en ces termes : « *Ce « noyau dur » est « irréfutable » par décision méthodologique de ses partisans : les anomalies ne doivent conduire qu'à des changements dans le glacis « protecteur » d'hypothèses « d'observation » auxiliaires et de conditions initiales. »*[187]

Si les anomalies ne conduisent qu'à des bouleversements dans le « glacis protecteur », cela veut dire que le lieu de la recherche, là où Lakatos voit l'émergence de la science est le dispositif du « glacis protecteur » qui contient une heuristique positive. On peut aussi comprendre que les hypothèses auxiliaires d'observation peuvent être vides d'informations requises et causer une déchéance méthodologique. La croissance des contenus empiriques corroborés au sien du « glacis protecteur » d'hypothèses auxiliaires n'est toujours pas effective dans la mesure où l'immense information que cache l'Univers avant de valider un programme peut ou ne pas être en faveur du programme de recherche qui énonce. Ainsi, le noyau du programme est exposé à l'ensemble de critiques, en occurrence le modus tollens (de la manière la plus modérée et au-delà de ce que les sceptiques envisagent) et les contre-exemples globaux et locaux. Les deux catégories de contre-exemples reversent aussi bien la conjecture initiale ou primaire (tel que l'initial de la théorie elle-même) que la preuve qui vienne authentifiée la conjecture (par exemple les hypothèses protectrices et les hypothèses auxiliaires). D'ailleurs, Lakatos reconnaît dans une certaine mesure l'effondrement du noyau du programme lorsqu'il stipule que le *« noyau dur (...) peut s'effondrer dans certaines conditions. »*[188] Et, cet effondrement est à caractère logique et empirique. Dans cette disposition, la spéculation étant ouverte de façon permanente, le noyau dur est exposé aux péripéties, au bouleversement logique et empirique et, par conséquent, son heuristique négative n'a plus son importance parce que la recherche peut se faire dans cette partie du programme et renverser la situation précédente.

---

[187] Imré LAKATOS, *ibid.*, p. 64.
[188] Imré LAKATOS, *Histoire et Méthodologie des sciences, op. cit.*, p. 65.

Le programme de recherche en tant qu'ensemble de connaissances devient un système de pensée qui prend forme à partir de ce que les chercheurs décident. Mais, on ne peut pas soutenir que l'heuristique à laquelle Lakatos associe le vocable négatif est une procédure méthodo-logique, puisqu'elle ne se rapporte pas à la recherche et à la découverte. Elle ferme au contraire la possibilité d'une recherche envisagée, elle ne donne pas la possibilité d'aller au-delà de la découverte pour inventer une nouvelle légitimation scientifique. Il est alors possible d'envisager la translation rigoureuse de cette heuristique négative et fermée en heuristique ouverte, en travaillant sur sa flexibilité afin qu'elle soit susceptible de s'adapter aux circonstances du moment et sur un postulat précis du programme théorique et déterminé afin de produire des nouvelles idées. Tel que Lakatos le présente, il y a de quoi à penser que le « noyau dur » est irrationnel et « irréaliste » parce qu'il ferme et rend impossible la recherche scientifique.

Aussi, le « noyau dur » ne devrait-il pas être infalsifiable parce qu'à l'intérieur de la théorie, les hypothèses de base peuvent être remises en cause par une nouvelle structuration logique. Dès lors, le système peut s'écrouler si tant est qu'il est vrai que son fonctionnement s'éloigne des exigences logiques et empiriques. Le « noyau dur » avec l'heuristique négative ne peuvent faire seuls le jeu-méthodo-logique sans prendre en compte les contours épistémologiques du glacis protecteur et de son heuristique positive. Et, si le « noyau dur » et son heuristique négative réduisent et ferment la recherche scientifique, le glacis protecteur et son heuristique positive en constituent une amplification méthodologique.

II.1.1.b. Glacis protecteur et heuristique positive : ouverture et amplification méthodologique ?

La science pourrait-elle survivre au-delà des anomalies ? La réponse à cette question est révélatrice à partir du moment où Lakatos revendique une attitude plus ou moins modérée du falsificationnisme. Les anomalies ne constituent pas chez Lakatos un frein récusant le processus de production de façon radicale. Elles ne sont que des contre-preuves ou contre-exemples qui mettent les théories à l'épreuve. Puisque selon Lakatos, l'heuristique positive d'un programme de recherche éminemment puissante doit nécessairement contenir une esquisse générale dont il faut associer la construction avec son glacis protecteur afin de développer les hypothèses auxiliaires. Cette heuristique positive engendre l'autonomie de la science théorique. Dans ce sens, nous comprenons que la posture épistémique que Lakatos développe est de nature féconde. Elle s'ouvre à une conception pluraliste qui exige, peu importe la procédure de la méthode adoptée, le dynamisme du langage dans la prédiction des inédits. Cela n'est possible que lorsque la prédiction réussit et devient l'œuvre de la science mature consistant en programmes de recherche scientifiques. Dans ce sens, le processus de la croissance de la connaissance scientifique ne saurait obéir à la démarche poppérienne de la science. C'est pourquoi, le processus des essais et erreurs est un style piétinant aux yeux de Lakatos. De la sorte, Lakatos écrit :

> La science dans sa maturité consiste en programmes de recherche dans lesquels sont prévus non seulement des faits inédits, mais aussi, ce qui est significatifs, des théories auxiliaires inédites ; la science qui atteint sa maturité, à la différence du processus piétinant par essais et erreurs, possède un « pouvoir heuristique ». Rappelons-nous que l'heuristique positive d'un programme puissant contient, dès le début, une esquisse générale dont on

construira ses glacis protecteurs : cette heuristique positive engendre l'autonomie de la science théorique[189].

Le glacis protecteur et l'heuristique positive donnent une possibilité d'ouverture et d'amplification méthodologique des systèmes scientifiques dont la recherche est soutenue comme le pilier de toute invention et découverte. Lakatos évoque des termes techniques, notamment le « glacis protecteur » et « l'heuristique positive », pour montrer comment les chercheurs doivent se comporter et à quoi peuvent-ils s'attendre lorsqu'ils répondent aux exigences de la recherche scientifique. Même les programmes de recherche les plus expérimentés ne peuvent être à l'abri des anomalies ou des énigmes qui envahissent la recherche et qui remettent en crise les bribes de solutions qui répondent aux questions posées. Pour éviter la déchéance d'un programme qui a déjà prouvé ses mérites par sa promptitude, sa ponctualité et sa régularité, le théoricien doit s'attendre à un fleuve d'anomalies parfois inexplicables. Dans ces conditions, la méthodologie du théoricien ne doit pas demeurer statique, mais doit plutôt changer par nécessité de stratégie. Les anomalies ou les énigmes constituent donc l'ensemble de problèmes qui s'imposent de façon brutale au programme sans que le théoricien ne les connaisse au préalable. C'est donc un acte pris dans un ordre de mouvement qu'on ne maîtrise pas et, selon Lakatos, est dû au hasard.

Face à ce trouble épistémique, le glacis protecteur doit être construit de façon à adapter son raisonnement soit à partir des informations qui lui paraissent évidentes, conformes, soit en choisissant un parmi les divers systèmes de construction sans jamais adopter de façon dogmatique une thèse doctrinale quelconque. Cela revient à dire que la méthodologie que Lakatos revendique l'effectivité dans la recherche scientifique ne dépend ni d'une doctrine, ni d'un

[189] Imré LAKATOS, *ibid.*, p. 125.

courant de pensée, mais d'une disposition d'esprit ouverte à toute manière de pensée, accueillante et non systématique en adoptant simplement ce qui lui paraît bon dans une combinaison d'idées, des savoirs. A ce niveau, il y a une ouverture de la recherche scientifique. La spéculation et/ou la critique est, de ce point de vue, envisageable. La construction du « glacis protecteur » n'obéit de ce fait à aucun ordre. Elle est nécessairement méthodologique et donne une ouverture au débat scientifique. La construction de ce « glacis protecteur » constitue tout de même un mécanisme amplificateur de la quête de la rationalité.

L'heuristique positive permet la mise en place d'une ceinture protectrice très soudée autour du « noyau dur ». Dans cet ordre d'idées, Lakatos fixe les modalités de ce mécanisme de développement en déterminant le rôle du « glacis protecteur » encore appelé ceinture protectrice. Cette ceinture des hypothèses auxiliaires résiste à tous les assauts de tests empiriques et défend le « noyau dur » du programme par le fait qu'elle constitue le lieu de production et de reproduction des hypothèses. Ainsi, la production, la reproduction et la confrontation des théories réfutables ainsi que leurs travaux empiriques sont l'œuvre du « glacis protecteur » et permettent de déterminer l'essence de la croissance du programme de recherche. Si tel est le cas, l'heuristique positive, dans sa dispensation d'ouverture et amplificatrice de la science, correspond aux axes directeurs qui cordonnent la recherche et renforcent le programme scientifique.

L'idée que Lakatos veut mettre en perspective est celle qui traduit le fait que certaines hypothèses auxiliaires réfutées doivent être nécessairement remplacées par des nouvelles hypothèses jouant un rôle décisif dans le programme de recherche. Cela évoque l'idée que toute l'évolution du programme de recherche repose sur celle de la ceinture protectrice qui est susceptible de produire des nouvelles théories auxiliaires. Au regard de cela, un programme de recherche ne peut être théoriquement progressif que lorsqu'il est susceptible de mettre en avant un fait nouveau, c'est-à-dire un fait inédit, et si ce nouveau fait est corroboré, le programme est reconnu empiriquement progressif. En revanche, un programme de recherche est qualifié de dégénérescent lorsqu'il s'attache de façon *ad hoc* à un fait inédit. Ainsi, pour Lakatos un fait inédit ou nouveau à double horizon de concevabilité ; car, il s'entend à la fois comme un fait déjà connu et comme un fait inconnu ou mal connu. Dans cet élan méthodologique, Lakatos donne quelques précisions :

> (…) ; l'heuristique positive consiste en un ensemble de suggestions ou d'allusions partiellement articulé qui indique comment changer et développer les « variantes réfutables » du programme de recherche, comment modifier et raffiner le glacis protecteur « réfutable ».
> L'heuristique positive du programme empêche l'homme de science de se perdre dans un océan d'anomalies. Elle établit un programme qui dresse la liste d'une chaîne de modèles de plus en plus compliqués simulant la réalité : l'homme de science attache toute son attention à construire ses modèles en suivant les instructions qui sont exposées dans la partie positive de son programme. Il ne s'occupe pas des contre-exemples réels, des « données » disponibles[190].

Lakatos montre que le maintien d'un « glacis protecteur » dans la recherche scientifique dépend de ce que le théoricien envisage. En tant qu'un agrégat de suggestions ou d'impulsions, l'heuristique positive fait connaître habilement le changement et l'évolution des différentes hypothèses auxiliaires qu'on peut effectivement réfuter dans un programme de recherche. Cette méthodologie montre comment changer ou retoucher partiellement le « glacis protecteur » tout en le rendant plus précis qu'avant (bien qu'il

---

[190] Imré LAKATOS, *ibid.*, p. 66.

soit toujours possible de le réfuter). Cela fait que l'homme de science ne soit pas désorienté et ne navigue pas sans repère dans un océan d'anomalies. Le « glacis protecteur » canalise la recherche et renforce le contenu informatif du programme. L'heuristique positive possède les matériaux nécessaires pour maintenir intact le programme. Ainsi, elle permet au théoricien de se fixer des objectifs en dressant un catalogue de modèles, d'exemples, de prototypes complexes, ardus pour feindre la réalité. Le catalogue de modèles sera les conditions initiales requises pour observer les théories. Pour ainsi dire, nous prenons en compte l'idée que Lakatos donne en des termes suivants : « *Un « modèle » est un ensemble de conditions initiales (avec, peut-être, quelques-unes des théories d'observation*s) »[191].

Cela explique tout le travail du théoricien au niveau méthodologique, des prototypes auxquels il attachera toute son intention, en suivant les informations ou les directifs présentés, disposés dans le programme de recherche. Dans ce cas de figure, le théoricien peut ou ne pas faire des anomalies réelles sa préoccupation majeure, d'autant plus qu'il possède une heuristique positive dans des cas particuliers. La Nature ou la base empirique peut ou ne pas répondre aux affirmations ou prédictions du programme et, si la pression est aiguée, le théoricien refuse tout simplement de se laisser entraîner dans une quête sans fin de base empirique. Aussi, faut-il comprendre que selon la méthodologie des programmes de recherche, Lakatos accorde à l'heuristique positive une place de choix quand il spécifie que celle-ci a plusieurs potentialités. Elle est là notamment comme stratégie à la fois pour prédire voire produire les faits et les digérer. A vrai dire, quand l'heuristique positive est clairement déchiffrée, les limites, les difficultés du programme sont plutôt d'ordre mathématique qu'empirique, estime Lakatos.

---

[191] Imré LAKATOS, *ibid.*, p. 68.

Après l'étude de cette énonciation, l'on comprend que le lieu où il est possible de produire des faits inédits est l'espace où se trouve développées les hypothèses auxiliaires. Les productions les plus remarquables des programmes de recherche sont de cet ordre méthodologique et participent à la reconstruction rationnelle de l'histoire et de la philosophie des sciences. Il suffira que le chercheur définisse avec clarté les modalités et les normes heuristiques de son programme pour que les difficultés rencontrées lors de l'investigation de la connaissance ne soient pas de nature à compromettre l'activité scientifique. Les difficultés qui peuvent aussi prendre la connotation d'une réfutation ne sont que des moments épistémiques prenant le sens d'obstacles épistémologiques. Les anomalies relèvent, bien sûr, de la nature critique de la tradition scientifique, mais ne constituent pas en soi des réfutions de façon radicale pour rejeter en bloc les hypothèses après que celles-ci n'aient pas eu le mérite de prouver ou encore de résister à toutes sortes d'assauts réfutationnistes. Ainsi, les réfutations sont presque ignorées, parce que l'heuristique positive fournit une quantité importante d'hypothèses auxiliaires qui, de toute évidence et selon le point de vue de Lakatos, sont aussitôt reformulées une fois que les réfutations deviennent accentuées. A cet effet, Lakatos pense que les « vérifications » sont plus adaptées aux théories que les réfutations. Les premières viennent pour féconder le noyau du programme et faciliter le côté heuristique de la méthodologie. Les secondes sont de nature destructrice de la science, car aucune théorie ne pourrait être considérée comme vraie. Les tests empiriques auxquels les théories sont confrontées constituent une perspective stérile au sens de Lakatos et ne donnent aucun sens à l'histoire et à la philosophie des sciences. Dans le même ordre d'idées, Lakatos affirme :

> Ce qui précède montre que l'heuristique positive va de l'avant en négligeant presque complètement des « réfutations » : il peut sembler que ce soient les « vérifications », plutôt que les réfutations, qui fournissent des points de contact avec la réalité (...). Ce sont les « vérifications » qui permettent de continuer à élaborer des programmes, en dépit des exemples réfractaires[192].

L'étude comparative qu'on peut mener entre la réfutation et la vérification est d'ordre méthodologique. La réfutation constitue en elle-même un « *modus tollens* » qui, semble-t-il, rejette pour rejeter ou encore rejette de façon perpétuelle, tandis que la vérification dont il est question ne se donne pas à lire comme un « *modus ponens* », parce qu'elle n'accepte pas à perpétuité les théories et ne les rejette pas aussi sans limite. Mais selon Lakatos, les vérifications sont des modalités épistémiques qui permettent de continuer à élaborer des programmes de recherche, en dépit des exemples réfractaires. S'il y a des anomalies qui ont été aussi réfractaires que Lakatos ne le suppose. D'où vient donc que l'on puisse croire à l'illusion selon laquelle les programmes de recherche de Lakatos constituent une vision du monde[193] ou le modèle de la science ? Cette idée est à rejeter parce que dans l'optique de Lakatos de telles postures ne sont pas admises. L'analyse d'un tel argument nous amène à la compréhension plus ou moins effective de l'histoire des sciences à partir de la conceptualisation épistémique de l'historiographique des programmes de recherche scientifiques. Nous abordons à cet effet un nouvel horizon méthodo-logique qui tente de satisfaire la démarche de la logique de la découverte que Lakatos met en exergue.

---

[192] Imré LAKATOS, *ibid.*, p. 69.
[193] Imré LAKATOS, *ibid.*, p. 95.

II.2. Conception historiographique des programmes de recherche scientifiques

La conception historiographique des programmes de recherche scientifiques que nous étudions ici est une réflexion que Lakatos met en perspective pour tenter de corriger les insuffisances de certains courants de la philosophie contemporaine des sciences. Ceux-ci, pense-t-il, ont mal interprété l'histoire des sciences à partir des critères qu'ils ont élaborés. Ils ont oublié l'histoire des sciences en définissant la science essentiellement au moyen de la justification. Mais, Lakatos veut faire autrement, car il met en parallèle l'histoire et la philosophie des sciences.

Les justificationnistes par exemple, ne reconnaissent pas la valeur de l'histoire des sciences en général et des mathématiques en particulier. C'est le cas de Bertrand williams Arthur Russell[194]qui s'engage dans l'investigation épistémologique sur le savoir mathématique, mais s'efforce à ignorer les causes historiques qui font la force de ce savoir. L'investigation sur la connaissance mathématique ou scientifique exige, d'après Russell, l'oubli ou bien l'ignorance pure et simple de l'histoire des sciences. Russell est fasciné par la syntaxique logique, qu'il pense être l'objet-construit d'une nouvelle philosophie[195] ; encore que l'œuvre de George Boole, *Les Lois de la pensée* (1854), constitue pour les empiristes logiques ou les positivistes logiques, dit Lakatos[196], le fondement des mathématiques modernes et même de la logique, le premier ouvrage jamais écrit en mathématiques. Le style de Boole, en effet, regroupe l'algèbre de la logique, la structure de l'algèbre de Boole et

---

[194] Bertrand RUSSELL, *Signification et vérité*, Paris, Flammarion, 1969, p. 25.

[195] Bertrand RUSSELL, *Ma conception du monde*, Paris, Gallimard, 1962, pp. 13-14.

[196] Imré LAKATOS, *Preuves et Réfutations*, Paris, Hermann, 1984, p. 2.

bien d'autres systèmes binaires. Convaincu de ce calcul booléen, Russell le prend pour celui qui a découvert les mathématiques pures en considérant le langage, disait Boole lui-même, comme une « *mise en œuvre de procédure purement symbolique de calcul* (…). »[197] Dans la même perspective, les représentants de l'école du conventionnalisme[198], notamment Henri Poincaré et Duhem définissent la vérité à partir du choix des faits. Poincaré[199] par exemple, pense qu'on peut accéder à la connaissance des faits en commençant par ceux auxquels nous sommes habitués. Là, Henri Poincaré rejoint la conception empiriste dans sa forme traditionnelle ou classique.

Tous ces problèmes soulevés tendent à ridiculiser l'histoire des sciences. C'est ainsi que Lakatos l'a réinscrit en la mettant en parallèle avec la philosophie des sciences, tout en montrant que son étude est d'une importance capitale. L'historiographie signifie alors dans le vocabulaire de Imré Lakatos une étude rationnelle de l'histoire des sciences à partir d'une méthode historico-critique qui rationalise non seulement les données de l'histoire des sciences, mais qui les intègre aussi dans la vision nouvelle de la philosophie, afin que celle-ci en use et en fait une ré-novation. Sous cet angle, il ressort que selon Lakatos, « *La philosophie des sciences sans l'histoire des sciences est vide ; l'histoire des sciences sans la philosophie des sciences est aveugle.* »[200].

---

[197] George BOOLE, *Les Lois de la pensée*, Paris, Vrin, 1992, p. 12.
[198] Henri POINCARE et Pierre DUHEM cités par K. Raimund Popper, *La Logique de la Découverte Scientifique,* Paris, Payot, 1973, p. 76.
[199] Henri POINCARE, *Science et Méthode*, Paris, Flammarion, 1956, p. 11.
[200] Imré LAKATOS, *Histoire et méthodologie des sciences, programmes de recherche et reconstruction rationnelle*, Paris, P.U.F, 1994, p. 185.

Cette thèse de Lakatos est centrée dans le même précepte que celle que Kant[201] donne pour le processus de la connaissance, lorsqu'il concilie l'entendement et la sensibilité. Emmanuel Malolo Dissakè[202] estime qu'on ne peut ignorer l'une au profit de l'autre, parce qu'il s'agit là d'une philosophie de la reconstruction rationnelle qui se souvient justement qu'elle ne suggère rien d'autre qu'une reconstruction et, cela est une possibilité pour mettre en exergue une logique heuristique comme troisième voie de recherche après la méthode déductive et inductive. C'est dans cette posture que Lakatos montre que les philosophies contemporaines des sciences ont oublié voire négligé l'histoire des sciences. C'est pourquoi, elle a été mal interprétée, car ignorer l'une au profit de l'autre serait une façon d'hypothéquer l'avenir scientifique et donc de commettre une erreur de perspective. L'association des deux devient une exigence rationnelle que Lakatos reconsidère pour reconstruire rationnellement l'histoire des sciences et éclairer la philosophie des sciences. A partir de là, l'évolution de la science devient concevable dans la mesure où la philosophie des sciences serait vide d'objet si elle ne prend pas en compte les matériaux nécessaires fournis par l'histoire des sciences. Celle-ci ne ferait pas l'objet d'une étude quelconque si jamais elle n'est pas éclairée par la philosophie de l'interprétation. Puisque le problème est d'élucider au moyen d'une méthode historiographique que les programmes de recherche scientifiques font partie d'une étude relative à l'histoire des sciences. En répondant à cette préoccupation, Lakatos donne par là même une explication rationnelle de la croissance de la connaissance objective. Les programmes de recherche, considérés comme l'ensemble de théories, doivent

---

[201] Emmanuel KANT, *Critique de la raison pure*, Paris, Flammarion, 1976, p. 110.

[202] Emmanuel MALOLO DISSAKE, *Mathématique pharaonique égyptienne et théorie des sciences*, Dakar, Dianoïa, 2005, p. 125.

faire de l'historiographie un instrument « archéologique » ou, selon ce que l'on veut concevoir, de l'étude « *archéo-épistémo-logique* »[203]pour accéder aux informations les plus essentielles de la science, c'est-à-dire les reconstructions rationnelles doivent étudier ou mieux élaborer un discours sur les causes historiques d'une connaissance ou d'une théorie. C'est en fait rechercher en quelque sorte les fondements du savoir scientifique. Pour ce faire, il faut savoir faire l'histoire des sciences car, il ne s'agit pas de l'histoire externe, mais de l'histoire interne ou internaliste. Une histoire régionale et primaire à la différence d'une histoire secondaire. C'est dans ce sens que Lakatos affirme : « *Toute historiographie interne possède ses propres paradigmes victorieux.* »[204]

A notre sens, l'historiographie désigne aussi la méta-histoire des sciences[205], car dans une crise paradigmatique des programmes de recherche, la révolution scientifique, après quelques contrastes épistémologiques mettant en crise les paradigmes antérieurs et même nouveaux, déclenche toujours le vrai progrès. Les théories « *externes* » relèvent des explications inductivistes qui choisissent parmi les problèmes ceux qui leur sont favorables, à l'instar des marxistes qui, naturellement selon la posture ou l'idéologie communiste,

---

[203] Pour montrer la complexité de l'étude scientifique que l'auteur pose comme nécessité logique, les programmes de recherche scientifiques ne donnent pas aussi en des termes simples la compréhension qu'on devrait avoir de l'histoire des sciences. L'étude « *archéo-épistémo-logique* » donne une conception plurielle de la recherche scientifique ; car dans ce contexte, Lakatos montre d'abord la possibilité d'une fouille de connaissances scientifiques pour distinguer le primaire d'avec le secondaire, ensuite il est important de passer au retracement de ces connaissances selon l'ordre de la connaissance de leur arbre généalogique et enfin les repenser de façon critique la plus acerbe. Cela justifie la compréhension de l'étude « *archéo-épistémo-logique* » que nous proposons ici.

[204] Imre LAKATOS, *ibid.*, p. 188.

[205] Imre LAKATOS, *ibid.*, p. 217.

identifient l'histoire des sciences au développement économique. Ce qui d'ailleurs ne pouvait ressembler aux postures historiques de la science telle que l'avaient défini Lakatos, Popper et d'autres épistémologues. Poursuivant ses propos, Lakatos précise que « *l'histoire externe, ici n'est pas seulement secondaire, elle est presque redondante* »[206]. L'histoire externe à laquelle Lakatos fait allusion est celle que les justificationnistes, les probabilistes et surtout les marxistes pratiquent. Et, puisqu'elle répond parfois aux problèmes socio-psychologiques, alors il est bien évident que la critique radicale de Lakatos range l'histoire des sciences à la manière de Kuhn parmi les études externes, secondaires et redondantes des sciences. L'historiographie ne considère que les problèmes internes de l'historien[207] qui sont déterminés par la méthodologie d'évolution des théories, la seule qui n'implique logiquement ni l'acceptation à la manière de Kuhn ni le rejet au sens de Popper. Mais, les théories luttent, varient en fonction de la théorie normative d'évaluation, c'est-à-dire celle qui est en vigueur ; d'où Lakatos relativise la distinction entre ce qui est interne et ce qui est externe par rapport à la méthodologie et à leurs objet d'études. Ainsi, Lakatos précise que

> L'histoire dite « internaliste », ne se souciant que des éléments « internes » à la science étudiée (théories, concepts, procédures de démonstration et d'expérimentation, etc.) et une histoire « externaliste », explorant un vaste champ d'intérêt, faisant place aux éléments « externes » à la science en question (institutions, financement, carrières, éducation, politique de la science, circulation des résultats, etc.)[208].

De ce point de vue, Lakatos est historien internaliste des sciences « formelles et empiriques », dans la mesure où il

---

[206] Imre LAKATOS, *ibid.*, p. 178.
[207] Imre LAKATOS, *ibid.*, p. 181.
[208] Imre LAKATOS, *ibid.*, pp. XI et 209-210.

retravaille sa méthodologie sur la nature des sources de la connaissance empirico-formelle, là où le contenu de la science est originale, primaire ou première ; d'où, l'histoire et la philosophie des sciences se tiennent à l'intérieur de la connaissance scientifique, puisqu'elles se réfèrent à des sources primaires qui apportent des informations essentielles enrichissant le contenu, l'explication et la compréhension du domaine de la connaissance. A l'opposé, l'histoire externe[209] quant à elle ne pouvant pas être digne d'élucidation philosophique, ne peut rien apporter d'essentiel quand il s'agit de connaitre l'élément substantiel d'une discipline appropriée. C'est précisément ce que Lakatos démontre lorsqu'il inscrit que « *L'inductivisme, le falsificationnisme et le conventionnalisme peuvent être falsifiés en tant que reconstructions rationnelles de l'histoire à l'aide du type de critique historiographique.* »[210]

Faire de l'histoire interne pour Lakatos, c'est accepter la procédure de la méthode historico-critique, parce qu'elle ne consiste pas à courir vers les critères qui définissent la science, mais plutôt vers l'étude critique génératrice de la science. Lakatos réfute d'emblée le falsificationnisme comme méta-critère et établit une étude analogique et critique des méthodologies ; c'est une façon objective de remettre à l'épreuve des reconstructions rationnelles. Cela nous amène à comprendre qu'une philosophie de l'interprétation ou logique de la découverte devrait nécessairement avoir une généalogie et, du point de vue historiographique, faire aussi une étude historique, génésiaque et critique du savoir. Dans cette suite d'idées, après qu'il aurait relevé des insuffisances relatives au justificationnisme, au probabilisme et aux autres courants, Lakatos estime que ces courants de la philosophie des sciences sont anhistoriques. Il va falloir substituer à ces

---

[209] Imre LAKATOS, *id.*
[210] Imre LAKATOS, *ibid.*, p. 228.

courants, les théories des programmes de recherche scientifiques qu'il considère comme un « *méta-niveau normativo-historiographique* ».[211] Les normes historiographiques sont à considérer dans une étude historique des sciences. Ces normes ne sont autres que l'exigence de remettre en cause toute interprétation relative à un domaine de la connaissance. Une version « *normativo-historiographique de la méthodologie des programmes de recherche scientifique* »[212] consiste donc à comparer, à mettre en lutte les diverses logiques de la découverte, à les mettre à l'épreuve. C'est donc une théorie générale qui relativise toutes les méthodologies sans avoir choisi quelques-unes de préférence à quelques autres ; d'où l'histoire des sciences[213] est toujours plus potentielle et riche que sa philosophie de l'interprétation bien que celle-ci soit première. Autrement dit, l'histoire des sciences contient tout ce qui est perceptible à l'histoire interne ou à la philosophie des sciences. Cette dernière authentifie l'histoire des sciences et ses matériaux marquants, elle réfléchit sur les révolutions et les objections marquant l'histoire des sciences et, fait sa valeur en lui donnant une direction, une trajectoire et une signification généalogique et gnoséologique. C'est en cela que l'histoire des sciences deviendra une historiographie au sens didactique du terme.

A partir du moment où elle requière une connotation didactique, l'historiographie devient pédagogique, c'est-à-dire une étude disciplinaire, transdisciplinaire et transversale. C'est d'ailleurs parce qu'il est non seulement possible de l'étudier en tant que discipline et d'effectuer le passage d'une discipline à une autre, mais aussi de l'appliquer à toutes les disciplines scientifiques faisant preuve d'une étude éducative et critique. L'histoire interne ou la reconstruction rationnelle

---

[211] Imre LAKATOS, *ibid.*, p. 215.
[212] Imre LAKATOS, *ibid.*, p. 217.
[213] Imre LAKATOS, *ibid.*, p. 210.

ne se contente pas seulement de sélectionner les faits, elle présente plutôt une vision rénovatrice qui s'ouvre à une méthode nouvelle, celle dite « *heuristique* ».

Tout ce que nous venons d'énoncer jusque-là interprète l'expression d'une tentative de reconstruction rationnelle des philosophies des sciences. Cette tentative de reconstruction rationnelle, aux yeux de Lakatos, entraîne une caractérisation de la connaissance scientifique, de la rationalisation de la science. Elle libère une disposition visible et lisible de la croissance rationnelle de la connaissance scientifique. Dès lors, les philosophies de l'interprétation, notamment le justificationnisme, le conventionnalisme, le falsificationnisme et l'inductivisme doivent être complétées. D'emblée, nous saisissons l'intérêt de Lakatos sur l'histoire interne. Elle est première, parce qu'elle retravaille aussi ses matériaux sur les données de l'histoire des sciences. A cet effet, la reconstruction rationnelle aura pour caractéristique principale la mise en place des éléments qui supplantent l'histoire temporaire, irrationnelle pour mettre enjeu une histoire pleinement rationnelle. Autrement dit, il faut abandonner l'histoire considérée comme simple fait, comme un ensemble d'évènements tragiques ou dramatiques pour ne prendre en compte que celle dite des sciences.

Dans la même perspective, il est convenable de souligner que l'histoire interne purifie l'histoire des sciences des mauvaises interprétations, des imperfections, des mauvaises découvertes et supprime les obstacles, des débats inutiles pour atteindre la plénitude de la rationalité, comme Lakatos l'envisage. C'est ainsi que Lakatos s'élève au-dessus de l'état d'esprit ordinaire pour tenter de saisir une histoire des sciences « *idéale et idéalisée, ayant pour unique visée la plénitude du sens dévoilé dans la perfection du rationnel.*»[214].

---

[214] Imré LAKATOS, *op. cit.*, Introduction de Luce Giard, p. XXIII.

Autrement dit, une étude historiographique des programmes de recherche essaye de rendre l'histoire des sciences parfaite, pure, sans caricaturer les grandes périodes marquantes, en dissipant également les ambiguïtés, les confusions, les abus, etc. Dans ce sens, la science atteindra peut être la perfection du rationnel ou le plus de rationalité (même si Lakatos ne l'avait jamais atteint). L'explication que Richard Rorty et Jean Pierre Cometti[215] donnent de la science nous aide également à comprendre que les notions telles que « *science* », « *rationalité* », « *objectivité* » et « *vérité* » sont étroitement liées par le fait que la science est prise comme un horizon n'offrant que des vérités objectives, c'est-à-dire des vérités qui correspondent[216]à la réalité. C'est certainement cette jonction qui motivera les différentes logiques de la découverte d'essayer de mettre en perspective la domination de la logique et de l'expérience dans la recherche scientifique à partir des critères qu'elles avaient bâtis pour prétendre interpréter l'histoire des sciences. Cependant avec Lakatos, le désir de plus de rationalité est ardent, à cause des insuffisances des méthodes critériologiques. Cela exprime l'envie de vouloir rendre l'histoire des sciences « parfaite ».

A la lumière de cette posture, la méthodologie historiographique que Lakatos formule évalue donc les différentes méthodologies rivales ou les différentes logiques de la découverte précitées. Dans cette optique, il poursuit qu'il est indispensable aux philosophes des sciences de se mettre à l'école de l'histoire des sciences. En revanche, l'historien des sciences doit avoir beaucoup de considérations, et de manière méthodologique, à la philosophie des sciences. Cette double implication *historico-normativo-critique* se définit dans la discursivité gnoséologique, c'est-à-dire dans la discussion rationnelle ou

---

[215] Richard RORTY et Jean P. COMETTI, *Science et solidarité, la vérité sans le pouvoir*, Paris, Flammarion, 1990, pp. 37-39.

[216]Richard RORTY et Jean P. COMETTI, *ibid.*, pp. 45-46.

dans la critique acerbe de la connaissance, et oriente surtout l'historien des sciences[217]à décider de la théorie de la rationalité sur laquelle il fondera son histoire interne, sans oublier de mettre en relief les facteurs internes et externes. La méthodologie des programmes de recherche historiographiques est donc une manière que Lakatos entreprend le progrès scientifique pour améliorer et élargir les logiques de la découverte, surtout le falsificationnisme méthodologique naïf de Popper.

Le but que nous poursuivons devient lucide dans la mesure où nous montrons qu'il s'agit avec Lakatos d'évaluer les diverses reconstructions rationnelles ou les philosophies des sciences rivales afin de percevoir la croissance de la connaissance scientifique en tant que connaissance méta-scientifique. La connaissance, de ce point de vue, devient une connaissance méta-scientifique, parce qu'elle relève des méthodologies qui interprètent la science à partir des méta-critères. Cela se donne à comprendre que la méthodologie des programmes de recherche scientifiques inaugurée par Lakatos constitue, contrairement aux anciennes méthodologies, en « *elle-même un changement de problèmes progressif* »[218] . A ce titre, le progrès scientifique n'est possible que lorsque la science – en tant que théorie de la rationalité – sera déterminée par les découvertes des faits historiques inédits. C'est probablement la période la plus décisive d'une théorie de la rationalité en ce sens que c'est en cet instant qu'elle se réalise comme une théorie ou une science « *historiographico-normative progressive* »[219].

Après avoir compris que pour éviter de rendre l'histoire des sciences irrationnelle à cause des mauvaises interprétations, il va falloir qu'on la considère comme une

---

[217]Imre LAKATOS, *ibid.*, p. 241.
[218]Imre LAKATOS, *ibid.*, p. 234.
[219]Imre LAKATOS, *ibid.*

science normale, dans un sens historiographique, afin de pouvoir cerner le sens de l'histoire interne et externe : c'est ce que Lakatos entend par une reconstruction rationnelle de l'histoire des sciences. Ceci laisse entrevoir la nécessité d'appréhender le fonctionnement logique des programmes de recherche scientifiques à partir de la lecture que nous consacrons à Imré Lakatos et de donner la possibilité d'amplifier la même reconstruction rationnelle à partir des principes régulateurs des programmes de recherche scientifiques.

La compréhension que nous avons eue de la méthodologie des programmes de recherche scientifiques de Lakatos ne comble toujours pas notre désir de connaitre. Le type d'argument qu'il donne ne remplit pas à notre sens les conditions de possibilité d'émergence des concepts que la science devrait utiliser. L'appel à la rationalité ou la recherche de plus de rationalité que Lakatos désire ardemment, conditionne la recherche scientifique à la prise en charge des instruments ou des objets réels ou objectifs en vue de rendre plus crédible la science et son histoire. Mais, le recourt aux termes non justifiés ou imaginaires pose problème au niveau du déroulement démonstratif de la méthodologie de Lakatos. Le « noyau dur » et l'« heuristique négative » par exemple suscitent le questionnement philosophique au cœur de la méthodologie des programmes de recherche. C'est pourquoi, nous tentons d'élargir la critique de ces deux concepts et voir si cela ne constitue pas un paradoxe méthodologique.

II.3. Elargissement de la critique du « noyau dur » et de son heuristique

La construction de la philosophie des programmes de recherche scientifiques est une remarquable vision de la science qui, nous le croyons à cet effet, a l'avantage de réintroduire et réorganiser une dimension plus ou moins humaine que sociale dans la science. On peut constater que le falsificationnisme méthodologique de Karl Popper a rendu non seulement plus aigu, plus intense l'attitude sceptique du scientifique, mais aussi à poser les bases d'une critique exacerbe dans sa démarche vis-à-vis des théories. Cependant, la réorganisation du concept falsificationnisme par Lakatos, au sens intuitionnisme du terme, rend plus adéquate la croissance de la connaissance des théories scientifiques. Ainsi, l'essentiel pour nous consiste à dire que la démarche de Imré Lakatos lui a permis de défendre ses idées fondamentales ; idées qui constituent en elles-mêmes le noyau dur du programme à partir d'une multitude d'hypothèses auxiliaires. On apprend que la thèse de Lakatos est pertinente pour décrire la plupart des théories scientifiques. Cependant, cette conception possède un défaut épistémologique au niveau méthodo-logique. Le défaut de cet appareillage lakatossien se trouve principalement dans le fait qu'il est d'aucune utilité aux hommes de science de concevoir ces termes ou concepts de la découverte comme étant scientifique. Lakatos reconnaît lui-même que l'unique possibilité de déterminer le caractère progressif ou dégénératif d'un programme, c'est d'attendre la durée que cela prendra. Car, pour confirmer la scientificité d'une théorie, l'expérimentateur ne doit pas se précipiter sur la recherche de la base empirique adéquate. La base empirique peut ou ne pas être disponible pendant ou avant que la théorie fasse ses preuves. Elle (base empirique) peut être perçue après un laps de temps, déterminée ou indéterminée. Les programmes de recherche deviennent non seulement une notion essentielle pour la description de la science, mais aussi comme l'unique œuvre d'un historien authentique des sciences qui analyse a posteriori les théories. Il y a donc lieu de soutenir à partir de là qu'il s'agit d'une démarche méthodologiquement inadéquate du fait qu'elle ne peut pas être concrètement adoptée par le scientifique.

Lakatos soutient et rend pleinement hommage à la rationalité scientifique et philosophique. Cette rationalité est l'expression d'un processus méthodologique qui aurait connu son apogée dans l'idéalisme allemand, plus précisément dans la pensée dialectique de F. Hegel[220], pour laquelle Lakatos aurait soutenu comme prototype de la croissance scientifique. Cependant, le point d'élévation de l'instruction de Lakatos en science se trouve articulé dans la méthodologie poppérienne des « conjectures réfutations », de la logique de la découverte et dans le principe du progrès scientifique, notamment le principe de la « falsifiabilité » ou de la réfutabilité argumentative. Cette rencontre, qui place Lakatos à côté de Popper, lui donne l'appréhension systématique de la croissance rationnelle de la science. Lakatos sort de la rationalité immédiate de Hegel, laquelle avait nourri et forgé l'aspect critique de son intellect pendant plus de vingt ans, pour entrer dans le mécanisme cérébral de Popper. A propos, Lakatos écrit : « *J'avais presque quarante ans quand je suis entré dans le champ magnétique de son intellect* [Karl Popper]. *Sa philosophie m'a aidé à rompre définitivement avec le point de vue hégélien que j'avais soutenu pendant près de vingt ans.* »[221]

Le passage de la rationalité immédiate à la rationalité critique est une transversale épistémique qui donne la preuve que Lakatos est parti de la philosophie idéaliste pour celle dite pragmatique, de la philosophie idéelle où l'on privilégie la « Raison », l'« Idée » pour la philosophie empirique où l'on accorde le primat à l'expérience et à l'expérimentation

---

[220] Cf. George KUTROVATZ, « Imre Lakatos's Philosophy of Mathematics », Budapest, Eötvös Loránd University.

[221] Imre LAKATOS, *Histoire et méthodologie des sciences, op. cit.*, p VIII.

Cela témoigne la façon dont l'esprit critique de Lakatos avait atteint non seulement un niveau important, mais aussi avait compris que la philosophie est basée sur la critique et, celle-ci constitue la substance vivifiante de la philosophie du fait qu'elle permet de s'ouvrir à d'autres domaines de connaissance et ne s'enferme pas dans un système de pensée, en considérant la science comme un espace de réflexion libre, croissant et complexe.

De fait, Lakatos explique le sens qu'il donne à l'évolution objective de la science, en invoquant des termes techniques comme le déplacement des problèmes « *progressifs* » et « *dégénératifs* », des séries de théories scientifiques ou des « programmes de recherche scientifiques » pour marquer la démarcation entre des théories, non pas comme science et pseudoscience, mais comme croissantes et non croissantes. Dans la constitution structurelle d'un programme de recherche, Lakatos donne les règles méthodologiques qui le composent. Comme nous l'avons expliqué précédemment, ces règles enseignent les voies de recherche à éviter d'un côté, et de l'autre, des voies à suivre. Les voies de recherche à éviter sont indiquées par une « heuristique négative » et celles qu'il faut poursuivre sont couronnées d'une « heuristique positive ». Celle-ci est liée au « noyau dur » du programme et interdit toute forme de critique à son endroit. Lakatos lui-même formule l'idée selon laquelle toute attaque contre le noyau dur est sans issu, parce que l'heuristique négative du programme empêche quiconque à diriger le *modus tollens* contre lui[222]. Le *modus tollens* est en réalité un contre argument qui vient révéler la fausseté de plusieurs énoncés du système. C'est aussi une attaque qui surgit de l'intérieur ou de l'extérieur du programme, cherchant à vérifier l'accroissement du contenu empirique. Par ailleurs, Lakatos reprécise que le noyau du programme est infalsifiable par décision de ses partisans : les anomalies

[222] Imre LAKATOS, *ibid.*, p. 63.

ne conduisent qu'aux changements au sein du glacis protecteur[223]. Lakatos prône pourtant l'ouverture de la science au moyen de la critique qui constitue le principe moteur de la démarcation vis-à-vis des tendances dogmatiques. Cependant, pour des raisons de conservation et de prévention, Lakatos ferme le « noyau dur » du programme et lui affecte une heuristique négative. A quoi finalement ressemble la « dureté » de ce noyau et à quoi consiste-t-il ? Il ressemble à une science ou une pensée intouchable et extraordinaire. Une telle posture ne peut être ni plus ni moins qu'un paradoxe méthodologique et nous pousse à poser des points d'interrogation sur l'ensemble de sa méthodologie. La décision méthodologique qui protège le « noyau » ne produit que des règles immuables au cœur du rationalisme critique. Au regard de cela, Lakatos n'est-il pas en train d'exprimer ses passions et penchants quand il se détourne systématiquement et volontairement de sa noble mission héritée du rationalisme critique ?

Le « noyau dur » et l'« heuristique négative » ferment la scène scientifique et expriment un sentiment d'autorité en vue d'imposer un style quelconque à la science. Si celle-ci évolue à partir des contre-exemples, c'est-à-dire des contre-hypothèses, alors il est anormal que Lakatos produise une structure scientifique qui ne peut être renversée par aucun argument logique. Le noyau du programme étant la pensée initiale, originale, conceptualisant la programmation procédurale d'un système ou d'une investigation, peut être aussi renversé par des contre-exemples qui constituent des contre-programmations, des mutations qui translatent le cours de l'histoire des sciences. Pourtant, il est fort probable que le noyau d'un programme puisse être abîmé et rendu faible par des contre-attaques. Cela montre, à cet effet, la puissance de l'organisation de la pensée qui formate de fond en comble l'ancien système, c'est-à-dire un type de contenu

[223].Imre LAKATOS, *ibid.*, p. 64.

d'informations peut être délogé de ses assises méthodologiques, de ses déclarations primaires. Dans ce contexte, le noyau d'un programme de recherche ne peut plus demeurer « dur », mais devient plutôt « fragile » et « vulnérable », c'est-à-dire qu'il peut facilement céder à la pression ou à la controverse produite par la diversité des programmes. Comme on peut le constater, ces derniers possèdent à chacun un « noyau », porteur d'idées conceptrices et susceptibles de pénétrer le « noyau » d'un autre programme. En conséquence, Lakatos ne devrait donc pas rendre impossible l'accès au noyau d'un programme qui, face à toutes les formes de critiques, peut changer de configuration épistémique et cesser d'être « dur ».

Au regard de la distance que nous essayons de prendre vis-à-vis de la posture lakatossienne, il est possible, du point de vue méthodo-logique, de soustraire le prédicat « dur » au noyau du programme et de suggérer la translation de son heuristique négative en quelque chose de rationnel, parce qu'il n'est pas logique et rationnel d'envisager une telle heuristique qui ne peut pas conduire ses formulations vers la rigueur du *modus tollens*. Ce dernier symbolise un arsenal d'arguments déductifs susceptible de remettre en cause ou en crise l'ensemble constitutif de programmations scientifiques. Méthodologiquement, l'heuristique renvoie à la recherche, à l'investigation et, elle ne peut pas être menée à bien sans qu'elle ne soit précédée par la critique. Du verdict de l'expérimentateur à l'appel du théoricien donne la preuve et la possibilité de la controverse, témoignant le fait que l'esprit critique à la capacité de se détacher du dogmatisme, des intentions prétentieuses et autoritaires, des conceptions qui définissent la science à partir d'une vision du monde. Cet esprit critique ne s'illustre que par le processus d'étonnement et de questionnement. Ce processus est suscité par le soupçon légitimé par l'esprit et, cela produit de nouvelles caractéristiques procédurales de la recherche ; d'où se dessine une attitude antidogmatique et l'ouverture à la recherche.

La manière dont Imré Lakatos présente et définit le noyau du programme de recherche, couplé d'un prédicat indéfini « dur », peut amener à appréhender le « noyau dur » non pas comme un concept empirique mais comme un concept métaphysique, idéel ou abstrait, se plaçant en dehors des règles, des normes logiques et rationnelles. Lakatos qui a toujours défendu le processus du progrès scientifique comme étant un acte objectif et normativo-historiographique, produit lui-même un paradoxe méthodologique au cœur du rationalisme critique.

Aussi, lorsque Lakatos relève le défi de la démarcation entre la science et la pseudoscience, il introduit la notion des programmes de recherche scientifiques comme reconstruction rationnelle de l'histoire des sciences et de ses reconstructions rationnelles. Mais, sa démonstration nous amène encore une fois de plus à nous questionner. L'indice méthodologique qui devait permettre de se départir des considérations empiristes ne se fait pas connaitre, lorsqu'on veut se dégager des problèmes de démarcation entre ce qui est scientifique et ce qui ne l'est pas, ou bien entre ce qui est progressif et ce qui est dégénératif. A ce propos, Lakatos n'a pas donné une explication qui permettrait de distinguer la science rationnelle de celle dite irrationnelle, ou mieux objective, interprétative de celle dite subjective (au sens cartésienne du terme), invraisemblable ou tout simplement fausse. Cette attitude ne l'amène pas à revisiter la définition de « l'heuristique » dans son cadre conceptuel. Pourtant, à la note n°1 de la page 62 de l'*Histoire et Méthodologie des sciences*, il reconnaît avoir construit, en conséquence, un langage scientifique. Cependant, il semble ignoré que ce langage est constitué des termes qui sont à la fois scientifiques et non scientifiques. Le paradoxe, à ce niveau, est clair pour nous. Le désir de vouloir rendre plus effectif la rationalité scientifique et la recherche des termes non objectifs qu'il s'est donné, sont bel et bien l'expression du désir de plus de rationalité que Lakatos a recherché de toutes ses forces.

Dans son acception non classique des mathématiques, Lakatos préconise une philosophie des mathématiques quasi-empiriques, parce qu'il estime que les mathématiques ne devraient pas produire des vérités résidant au ciel comme des « séraphins ou des anges » sans « péché », mais devraient plutôt produire des vérités susceptibles d'être remises à l'épreuve et qui seront au service de la société. C'est d'ailleurs l'effort conceptuel et méthodo-logique que nous reconnaissons à son pragmatisme, que nous qualifions ici d'informel, à la différence de la conception intuitionniste subjectiviste de J. Brouwer qui exige des raisonnements beaucoup plus mathématiques que sociaux. Cependant, ce magnifique projet commence et se termine en philosophie des mathématiques quasi-empiriques[224]. Par ailleurs, dans sa philosophie des sciences, Lakatos ne donne aucune indication d'ordre social de manière à ce que les productions de la science, dans leurs diversités conceptuelles, puissent renvoyer à la pratique expérimentale des sociétés scientifiques et/ou professionnelles et dont la finalité est l'accomplissement matériel des choses dans le vécu social. Le « noyau dur » ne revêt donc, à cet effet, qu'un sens irrationnel du fait qu'il ne donne aucun indice pouvant le relier à la controverse scientifique, car toute production est sujette à la critique et à la contradiction.

Nous rappelons que, comme cela est annoncé dans les lignes précédentes, le glacis protecteur constitue une hypothèse admise qui montre la configuration structurelle et méthodologique du programme. Il est aussi le lieu où les hypothèses auxiliaires sont formulées. C'est grâce à son

[224] Imré LAKATOS, « A Renaissance of Empiricism in the Recent philosophy of Mathematics », in *The British Society for the Philosophy of Science*, Vol. 27, N°.3, Sept. 1976, Oxford University Press.

heuristique positive qui promeut un agrégat de suggestions ou d'allusions partiellement articulées, indiquant dans son fonctionnement la manière dont on peut changer et développer les variantes réfutables du programme de recherche scientifique. L'on estime que le « glacis protecteur » est pris comme la preuve-démonstration, là où l'on formule les prémisses de la conjecture en vue d'établir la validité du « noyau dur ». Dans cette optique, Lakatos écrit : « *Nous pouvons décider rationnellement de ne pas permettre aux « réfutations » de transmettre la fausseté au noyau dur tant que s'accroît le contenu empirique corroboré du glacis protecteur* »[225]. La croissance du contenu empirique qu'il mentionne s'explique par le fait que les prémisses ou les propositions de base sont produites chaque fois que cela est nécessaire. Comme Lakatos l'a toujours soutenu, ces prémisses ou hypothèses auxiliaires peuvent être changées ou modifiées par la volonté du théoricien, surtout lorsque les anomalies tentent de pénétrer le « noyau dur » du programme. Cette façon de procéder compromet la présentation d'un programme de recherche dans sa philosophie des mathématiques quasi-empiriques ou informelles.

Dans sa philosophie des mathématiques informelles, Lakatos développe deux types de programmes de recherche mathématiques[226], notamment le programme formel et informel. Un programme formel peut être réfuté par le programme informel ou quasi-empirique, lorsqu'on retrouve un théorème formel rendu négatif par l'un des théorèmes qui correspond au programme informel. Autrement dit, si dans une théorie informelle se trouve articulé un théorème capable de remettre en cause sa correspondance dans le système

---

[225]Imre LAKATOS, *Histoire et méthodologie des sciences, op. cit.*, p. 65.

[226]Imre LAKATOS, « A Renaissance of Empiricism in the Recent Philosophies of Mathematics », *op. cit.*, pp. 24-216.

formel, alors le théorème formel peut devenir négatif. Le système formel peut en cela s'arrêter parce qu'il est falsifié par le système informel. On considère donc le système informel mathématique comme celui qui possède des falsificateurs heuristiques. Cette posture prouve à suffisance l'arrêt du système formel par le système informel au moyen d'un falsificateur heuristique. Cependant, cette belle illustration lakatossienne ne montre pas que c'est le « noyau » de ce système formel qui a été touché et, est rendu inactif. Son heuristique négative qui interdit toute critique contre le noyau n'a pas été mentionnée par Lakatos dans la thématique des programmes de recherche scientifiques. De la sorte, le programme de cherche, bien que structuré de façon complexe et systématique, mérite d'être révisé au niveau de son noyau dur. Il est donc possible d'envisager que le « glacis protecteur » produisant des hypothèses auxiliaires, c'est-à-dire les prémisses, soit remis en cause par le falsificateur heuristique d'un autre programme.

Du fait que Lakatos n'a malheureusement pas fait la distinction entre les programmes de recherche scientifiques et les théories à proprement parler, cela a véritablement compromis la compréhension du contenu du « noyau dur » d'un programme. Un programme scientifique, à cet effet, possède un falsificateur heuristique susceptible de toucher le noyau d'un autre programme. Si Lakatos lui-même l'accepte en mathématiques, alors il est probable que la même méthodologie s'applique aussi en philosophie des programmes de recherche. Mais curieusement, Lakatos n'en fait pas mention, bien que l'exigence méthodologique l'impose.

Lakatos pense que l'étude des cas historiques exige une procédure méthodologique à travers laquelle il est possible de d'envisager une reconstruction rationnelle afin de la comparer à l'histoire réelle. La jonction entre l'histoire réelle et la reconstruction rationnelle a pour but la rationalisation de l'histoire des sciences. Cependant, la reconstruction rationnelle ne permet pas d'ignorer certains faits gênants la méthodologie de la recherche par le simple fait que l'histoire des sciences se révèle parfois complexe, confuse avec une multitude d'erreurs. A cet effet, comment doit-on rationaliser l'histoire des sciences qui ressemble à un océan dans lequel se prêtent à confusion toute sorte d'espèces de productions et d'inventions et autour duquel s'organisent l'histoire externe ou générale et le désordre produit par les hommes de science ? Nous estimons que Lakatos semble ignorer les aspects et les anomalies qui peuvent toutefois revenir sur le cadre théorique après que le premier examen ait lieu. Construire la science sur des principes abstraits comme le « noyau dur » et le « glacis protecteur » est une posture qui n'est pas loin de retrouver les abus de l'épistémologie traditionnelle qui n'a aucune incidence empirique ou sociale, plutôt que métaphysique et même irrationnelle. La structure fondamentale d'un programme tel que le noyau dur est alors une utopie, une pensée fantastique. Lakatos peut abuser de la configuration méthodologique du noyau d'un programme, d'autant que l'étude heuristique du glacis protecteur et de l'heuristique positive ne donne pas la possibilité de passer d'un domaine à un autre. L'heuristique positive ne produisant pas de falsificateurs heuristiques, ne permet pas aussi l'étude d'une théorie quelconque. Cela montre qu'il y a une forme de dogmatisme implicite dans la démarche de Lakatos, car il s'accroche à sa méthodologie comme les autres s'y accrochent aussi au leur.

La réflexion portant sur ce second chapitre, nous a amené à comprendre que l'étude historiographique des programmes de recherche est non seulement complexe, mais exacerbe aussi le débat qui alimente les reconstructions rationnelles au regard de la philosophie des sciences, notamment sur la question de la démarcation en science. Toutefois, nous reconnaissons l'immense richesse qu'elle met au profit du chercheur ou de l'homme de science et l'émergence des concepts corollaires qui sont en marche dans l'épistémologie des programmes de recherche constructivistes que l'auteur développe.

Conclusion

La quête d'une épistémologie comparative chez Imré Lakatos, nous indique quelques points capitaux qui feront qu'on les médite longuement. Comme le pense Werner Heisenberg[227], dans l'histoire des sciences, les progrès les plus marquants se réalisent fréquemment là où se rencontrent plusieurs doctrines de différentes obédiences. Et à Max Planck[228]d'envisager que le monde physique s'est parfaitement enrichi à partir de deux pensées systématiques, notamment la théorie de la relativité et le principe des quanta. Ces deux hypothèses peuvent être considérées comme deux innovations sans bornes qui s'ouvrent à la nouvelle physique avec des programmes de recherche scientifiques efficaces, se distinguant foncièrement à la fois par leur contenu empirique et par leurs faits inédits. Cela signifie que la science est l'œuvre d'une reconstruction rationnelle, laquelle fait partie intégrante des enjeux des programmes de recherche scientifiques. C'est parce qu'il fait une critique interne de l'histoire des sciences que Lakatos relève les insuffisances d'autres courants. Autrement dit, l'interprétation philosophico-scientifique que le justificationnisme, le conventionnalisme, le probabilisme et le falsificationnisme méthodologique naïf ont donnée regorge des limites méthodo-logiques, des insuffisances linguistiques qui compromettent la description et l'interprétation scientifique ; d'où le problème de la rationalité devient délicat et implique tout de même une démarche qui se veut critériologique, là où les problèmes sémantiques et syntaxiques prennent corps dans la science logico- mathématique.

---

[227]Werner HEISENBERG, *Physique et philosophie, la science moderne en révolution*, Paris, Albin Michel, 1971, p. 249.

[228] Max PLANCK, *L'image du monde dans la physique moderne*, Suisse, Gonthier, 1949, pp.10-11.

Les tenants du Cercle de Vienne ou de l'empirisme logique alimentent le débat à partir d'un critère de la vérité pour sélectionner certaines hypothèses et disqualifier les autres. Celles qui sont disqualifiées peuvent être caractérisées de pseudo-hypothèses ou pseudosciences. Le contenu informatif qu'ils donnent du critère de la signification va à l'encontre des modalités scientifiques définies par d'autres courants. Les probabilistes par exemple n'acceptent une hypothèse que lorsqu'elle possède une quantité supérieure de probabilités confirmant la réalité matérielle. La démonstration scientifique qu'ils font ne laisse pas croire à un sceptique que la vérité existe. Les justificationnistes aussi veulent répondre à cette question sensible. Selon leurs thèses, une théorie n'est scientifique que lorsqu'elle est capable de prouver. Ainsi, le principe de prouvabilité devient quelque chose qui interpelle tous les hommes de science. La configuration gnoséologique qui alimente ce débat montre que l'ongle sous lequel la connaissance est définie par les empiristes, les justificationnistes, les probabilistes et les sceptiques ne confirme pas la tonalité du progrès scientifique que Karl Popper envisage. Car selon lui, la science ne revendique dans sa procédure d'émergence ni la preuve ni le degré de probabilité. Elle fonctionnerait bien avec un type de méthodologie constructive mettant en dialogue les hypothèses scientifiques et la base empirique ou la Nature. Popper se soustrait à l'acceptation scientifique de ses courants précités pour falquer à la science une autre procédure déductive qui n'est autre que le falsificationnisme méthodologique. Dès lors qu'une théorie se veut scientifique l'unique exigence d'acceptation se réduit à sa condition de falsification. La falsifiabilité devient un critère de scientificité des théories, du progrès scientifique et de la rationalité. Cependant, le contexte épistémique que Popper développe ne satisfait pas les attentes de Lakatos, si bien que ses réflexions en science traduisent une nouvelle conceptualisation épistémologique.

Lakatos n'accorde aucune place de choix à la base empirique et les théories ne devraient pas l'affronter, parce qu'en prédisant les faits imaginés, elles peuvent précéder la réalité matérielle. Ceci traduit dans le sillage de Lakatos l'anticipation interprétative des faits inexistants qui seront quand même corroborés. La procédure que Lakatos met en exergue explique une sorte de falsificationnisme greffé. A mesure que les théories sont évaluées, la procédure de démarcation change de méthodologie. Pour l'évaluation des théories, Lakatos s'attache à ce qu'il appelle : le falsificationnisme sophistiqué (c'est un type de falsificationnisme méthodologique greffé à celui de Karl Popper. La différence est que Lakatos introduit des nouveaux concepts, des nouvelles modalités de recherche et d'interprétations scientifiques à l'image des programmes de recherche scientifiques) comme nouvelle version de démonstration scientifique pour monter la distinction entre la science qui génère de celle qui dégénère. La défense de cette nouvelle posture témoigne de la perspicacité de la part de Lakatos. Cela se prouve même dans l'attitude que l'auteur a eue vis-à-vis de l'histoire et la philosophie des sciences, lesquelles devraient se compléter pour la croissance de la connaissance. Cette attitude constitue aussi une réponse aux tenants de l'empiriste logique.

Dans cet ordre d'idées, Imré Lakatos pense mettre en relief l'histoire et la philosophie des sciences. Selon Emmanuel Malolo Dissakè[229], la mise en parallèle de l'histoire et la philosophie des sciences par Lakatos est un précepte qui exprime du bon sens dans la mesure où il implique la nécessité d'une historiographie des programmes de recherche scientifiques : c'est une science qui étudie

[229] Emmanuel MALOLO DISSAKE, *Mathématique pharaonique égyptienne et théorique moderne des sciences*, Dianoia, 2005, p.125.

l'histoire des grandes évolutions les plus fécondes de façon rationnelle et dont le dessein est de la rendre pure et intelligible. En d'autres termes, la reconstruction rationnelle à la posture de Lakatos a pour finalité principale l'éliminabilité de l'histoire irrationnelle, temporaire, impure pour lui substituer une histoire pleinement rationnelle. L'histoire des sciences considérée comme simple fait, comme ensemble d'événements est abandonnée, bannie au profit de l'histoire des sciences, celle qui est rationnelle (ou mieux doublement rationnelle), qui donnera sens à l'actualité scientifique. C'est ainsi qu'il faut, selon Lakatos, dissiper les mauvaises interprétations.

La conquête d'une interprétation plus rationnelle amène Lakatos à produire une idée rénovatrice du progrès scientifique. Celle qui renvoie à l'appréhension des programmes de recherche scientifiques ayant été structurés par des notions neuves telles que le « *noyau dur* », le « *glacis protecteur* » et les « *heuristiques* » – négative et positive –. L'enjeu ici consiste à soutenir que la science ne peut pas être le produit des règles préétablies. Elle est le résultat des programmes de recherche qui vont en guerre, ou qui sont en lutte de description ou d'interprétation. C'est grâce à cette lutte que la science connaîtra du succès. Autrement dit, une théorie supplante une autre si elle contient plus d'informations qui expliquent de façon progressive le problème à discuter. Dès lors, Lakatos redéfinit le falsificationnisme méthodologique naïf de Popper à partir d'une version sophistiquée. Le falsificationnisme méthodologique sophistiqué rénove la stratégie procédurale d'évaluation des théories, c'est-à-dire la manière d'évaluer des théories et de les réfuter.

A Partir de cette posture, nous essayons de nous interroger sur le problème de la reconstruction rationnelle : ce problème est-il achevé ou inachevé suivant la méthodologie lakatossienne des sciences ? L'histoire des sciences interne présente des moments très complexes qui exigent de la rigueur en vue de réaliser un tel projet et arriver au terme d'une telle étude. Cela nous pousse à poser encore une deuxième question d'ordre méthodo-logique : Lakatos est-il relativiste ou normativiste ? Dans les productions qui viennent, nous ferons usage de la pertinence de ces interrogations et aurons pour tâche l'examen de celles-ci.

Bibliographie

ACHINSTEIN (P.) and HANNAWAY (O.), *Observation, Experiment and Hypothesis in Modern Physical Science*, Cambrigd, Mass. : MIT Press, 1985.

ACKERMANN (R.), *Data, Instruments, and Theory : A Diaclectical Approach to Understanding Science*, Princeton : Princeton University Press, 1985.

ADOTEVI (Akue K.-M.), « Vérité et proposition » (pp.75-95), in *Revue Internationale de Philosophie. Le Cahier Philosophique d'Afrique*, N°009, P.O.U., 2011, 199 p.

BAIRD (D.), « five Theses on Instrumental Realism », PSA 1988, 1 : 165-173.

BATENS (D.) and VAN BENDEGEM (J. P.) (eds), *Theory and Experiment : Recents Insights and New Perspectives on their Relation.* Dordrecht : Reidel, 1988.

BOOLE (George), *Les lois de la pensée,* (1854), traduction et introduction par Souleymane Bachir Diagne, Paris, Vrin, 1992,415 p.

BOUVERESSE (Jacques), *Essais V Descartes, Leibniz, Kant*, Textes rassemblés, organisés et préfacés par Jean-Jacques Rosat, Paris, Agone, 2006, 221 p.

BOUVERESSE (Jacques), *Dire et ne rien dire, l'illogique, l'impossibilité et le non-sens*, Paris, Jacqueline Chambon, 2002, 271 p.

BOUVERESSE (Jacques), *Les lumières des positivistes*, Paris, Edition Agone, 2011, 277 p.

BOUVERESSE (Jacques), *Philosophie de la perception. Phénoménologie, grammaire et Sciences cognitives*, Paris, Editions Odile Jacob, 2003 p.

BRAITHWAITE (R. B.), *Scientific Explanation* (1946 Tarner Lectures). Cambridge : Cambridge University Press, 1953.

BRANDOM (Robert Boyce), *Making It Explicit. Reasoning, Representing, and Discursive Commitment*. Cambridge, Mass. : Harvard University Press, 741p. Traduction de l'anglais (USA) sous la direction d'Isabelle Thomas-Fogiel : *Rendre explicite : Raisonnement, représentation et engagement discursif*, Collection « Passages », Paris, Les Editions de Cerf, 2010.

CARNAP (Rudolf), « Le dépassement de la métaphysique par l'analyse logique du langage » Antoine Soulez (éd.), *Manifeste du Cercle de Vienne et autres écrits*, Paris, PUF, 1985, pp. 153-177.

CARNAP (Rudolf), *La Construction logique du monde*, Introduit de Elisabeth Schwartz, traduction de Thierry Rivain, Paris, J. Vrin, 2002, 370 p.

CARNAP (Rudolf), *Construction et réduction. Textes inédits sur le physicalisme 1922-1955*, traduction de l'allemand par F. Félix et F. Schang, Lausanne, Editions L'Age d'Homme, Collection Etre et devenir, 265 p.

CARNAP (Rudolf), *La science et la logique devant l'analyse logique du langage*, Paris, Gauthier Villard, 1937, 271 p.

CARNAP (Rudolf), « La langue de la physique comme langue universelle de la science » in Christian Bonnet et Pierre Wagner, *L'âge d'or de l'empirisme logique. Vienne-Berlin-Prague 1929-1936,* traduction française par Delphine Chapuis-Schmitz, Paris, Gallimard Collection bibliothèque de philosophie, 2006, pp. 312-362.

CARNAP (Rudolf), « Vérité et confirmation », traduit de l'allemand (1936) et de l'anglais et présenté par Pierre Wagner in Christian Bonnet et Pierre Wagner, *L'âge d'or de l'empirisme logique. Vienne – Berlin – Prague 1929-1936*, Paris, Gallimard, Collection Bibliothèque de Philosophie, 2006, 697 p.

CHALMERS (Alain F.), *Qu'est-ce que la science ? Popper, Kuhn, Lakatos, Feyerabend*, traduit de l'anglais par Michel Biezunski, Paris, La Découverte, 1987, 286 p.

COMTE (Auguste), *Catéchisme positiviste*, chronologie, introduction et notes par Pierre Arnaud, Paris, Garnier-Flammarion, 1966, 314 p.

COMTE (Auguste), *La science sociale,* présentation et introduction de Angèle Kremer- Marietti, Paris, Gallimard, 1972, 306 p.

CROMBIE (A.-C), « Philosophical Presuppositions and Shifting Interpretations of Gallileo », in *Probabalistic Thinking Thermodynamics and the Interaction of the history and Philosophy of Science,* J. Hintikka et al. (eds). Dordrecht : Reidel, 1981.

DE CUES (Nicolas), « Le platonisme » (pp.745-748) in *Histoire de la philosophie* (Bréhier Emile), Tome 1, l'Antiquité et le Moyen Age, Trois Moyens Ages et Renaissance, Paris, P.U.F., 1951, 787 p.

EINSTEIN (Albert.), *Comment je vois le monde*, traduit de l'allemand par Régis Hanrion, Paris, Flammarion, 1979, 243 p.

FEYERABEND (Paul Karl), *Contre la méthode, Esquisse d'une théorie anarchiste de la connaissance,* traduit de l'anglais par Baudouin Jurdant et Agnès Schumberger, Paris, Seuil, 1979, 350 p.

FEYERABEND (Paul Karl), *Une connaissance sans fondements*, traduction Française par Emmanuel Malolo Dissakè, Dianoia, Janvier 1999, 199 p.

FEYERABEND (Paul Karl), *Adieu la Raison*, Traduit de l'anglais par Baudouin Jurdant, Paris, Seuil, 1989,364 p.

FREGE (Ludwig Friedrich Gottlob), *Idéographie*, traduction, Préface, Notes et Index par Corine Besson, postface de Jonathan Barnes, Paris, Vrin, 1999, 209 p.

FRANKLIN (A.), *The Neglect of Experiment.* Cambridge : Cambridge University Press, 1986.

FREUD (Sigmund), *Abrégé de psychanalyse* (1938), tradition d'Anne Berman, Paris, PUF, 1964.

GALILEE, - 1632, - Dialogue sur les deux grands systèmes du monde, Traduit par René Ferreux et François de Gandt, Paris, Seuil, Collection Points Sciences, 2000.

GEORGE (K.), KVASZ (L.) et STOLZNER (M.), Appraising Lakatos Mathematics, Methodology and the Man, Vienna, Circle Institute Library, 2002, 338 p.

GILBERT (G.-N.) and MULKEY(M.), « Experiments are the key : participants'Histories and Historians' Histories of Science », *Isis 75* : 1984, pp. 105-25.

GUEYE (Sémou Pathé), « Le statut épistémologique de la philosophie chez K. Popper, à travers sa critique de la problématique empiriste logique de l'élimination de la métaphysique » (pp. 65-80), in *Epistémè,* revue sénégalais d'histoire, sociologie, philosophie des sciences et technique, Presses Universitaire de Dakar, N°3, mai 1992, 141 p.

HADOT(Pierre), *Wittgenstein et les limites du langage*, suivi d'une lettre de G.E.M. Anscombe et de la logique comme littérature ? Paris, J. Vrin, 2004, 126 p.

HEISENBERG (Werner), *Physique et Philosophie. La science moderne en révolution*, Traduit de l'anglais par Jacqueline Hadamard, Paris, Albin Michel, 1971, 285 p.

JACOB(Pierre), *De vienne à Cambridge, l'héritage du positivisme logique de 1950 à nos jours*, Paris, Gallimard, 1980, 434 p.

KADVANY (J.), *Imré Lakatos and the Guises of Reason*, Duke University Press, 2001, 378 p.

KANT (Emmanuel), *Critique de la raison pure,* traduction de Jules Barni, revue par P. Archambault, chronologie, présentation et bibliographie de Bernard Rousset, Paris, Flammarion, 1976, 724 p.

KANT (Emmanuel), *Les Œuvres philosophiques*, Tome 1, sous la direction de Ferdinand Alquier, Paris, Collection La Pléiade, 1980, 523 p.

KOLAKOWSKI (L.), *La philosophie positiviste, science et philosophie*, traduit du polonais par Claire Brendel, Paris, Denoël/Gonthier, 1976, 250 p.

KUHN (Thomas Samuel), *La structure des révolutions scientifiques*, Préface de T.S. Kuhn, Berkeley, Californie, février 1962, Paris, Flammarion, 1973, 285 p.

KUHN (Thomas Samuel), *La tension essentielle. Tradition et changement dans les sciences* : « Logique de la découverte ou psychologie de la découverte ? », Paris, Gallimard, 1990, 480 p

KUHN (Thomas Samuel), « Logic of Discovery or Psychology of Research? », Imre Lakatos et Alan Musgrave (eds.), *Criticism and the Growth of knowledge*, New York: Cambridge University Press, 1970, pp. 1-23.

LAKATOS (Imré), *Preuves et réfutations. Essai sur la logique de la découverte mathématique*, textes présentés par Johen Worall et Elie Zahar, traduction de Nicolas Balacheff et Jean-Marie Laborde, Paris, Hermann, 1984, 206 p.

LAKATOS (Imré), *Histoire et Méthodologie des sciences. Programme de recherche et reconstruction rationnelle*, traduction de l'anglais pour Catherine Malamoud et Jean fabien Spitz sous la direction de Luce Giard, Paris, P.U.F., 1994, 266 p.

LAKATOS (Imre), « The Role of Crucial Experiments in Science », The International Colloquium on *The Meaning and Role of Philosophy and Science in*

Contemporary Society, Pennsylvania State University, Sept. 1971, pp. 344-355.

LAKATOS (Imré), « Falsification and the Methodology of Scientific Research programmes », in Imre LAKATOS & Alan MUSGRAVE (eds.), *Criticism and the Growth of knowledge,* New York : Cambridge, Cambridge University Press, 1970, pp. 91-196.

LAKATOS (Imré), « Falsification and the Methodology of Scientific Research programmes », in *The Validation of Scientific Knowledge*, Cambridge, Cambridge University Press. pp. 170-196.

LAKATOS (Imré), « Science and Pseudoscience », in Vesed (eds.), *Philosophy in the Open*, Cambridge, Cambridge University Press, 1974th.

LAKATOS (Imré), « A Renaissance of Empiricism in the Recent philosophy of Mathematics », in *The British Society for the Philosophy of Science*, Vol. 27, N°.3, Sept. 1976, Oxford University Press, pp. 201-223.

LALANDE (André), *Vocabulaire technique et critique de la philosophie,* Paris, P.U.F., 1991.

LAMBERT (Dominique), « Historicité et vérité : un point de vue de physicien » (pp.107-113) in *Historicité et vérité, le supplément. Revue d'éthique et théologie morale* (Lucien Morren et Jean Laudrière), Paris, Cerf, Janvier-juin 1994, 384 p.

LAUGIER (Sandra), *Signification et incommensurabilité : Kuhn, Carnap, Quine*, Paris, Centre Sèvres, Archives de Philosophie, 2003/4, Vol.66, 503 p.

LECOURT (Dominique), *L'ordre et les jeux, le positivisme logique en question*, Paris, Bernard Grasset, 1981, 348 p.

LOCKE (John), *Essai sur l'Entendement Humain*, trad. par Pierre Costa, présentation, dossier et notes par Philippe Hamou, Paris, Librairie Générale Française, 2009, 1014 p.

MALOLO DISSAKE (Emmanuel), *Mathématique Pharaonique Egyptienne et Théorie Moderne des Sciences,* Editions Dianoïa, 2005, 128 p.

MALOLO DISSAKE (Emmanuel), *Grammaire de l'objectivité scientifique. Au cœur de l'épistémologie de Karl Popper*, Editions Dianoïa, 2012, 406 p.

MBA (Edgar Mervin M.), « Copernic ou l'épistémologie de l'astronomie » (pp.81-106), in *Endoxon. Revue africaine de Philosophie des sciences* N° 1 : *Repenser la philosophie des sciences*, IRSH-CENAREST/UOB, Paris, L'Harmattan, 2014, 133 p.

MINTZBERG (A.), *Le ménager au quotidien*, Paris, Nouveaux horizons, 2006, 283 p.

MOULOUD (Noël), « Lakatos : la rationalité des méthodes et les composantes programmatiques de la recherche » (pp.103-114) in *La pensée*, (Antoine Casanova), Institut de Recherche Marxiste Bimestrielle, n°230, novembre-décembre 1982, 135 p.

MORIN (Edgar), *Mes philosophes*, Paris, Editions Germina, 2O11, 161 p.

MOUSSIESSI (Fabrice), *Penser l'épistémologie non classique des mathématiques chez Imré Lakatos*, Préface du Professeur Marcel Nguimbi, Paris, L'Harmattan, 2016, 242 p.

MOUSSIESSI (Fabrice), « La théorie de l'émergence chez Karl Raimund Popper : une épistémologie dialogique ? » (pp. 111-123), in Marcel Nguimbi (dir.), *Penser l'épistémo-logique. Hommage à Charles Zacharie Bowao*, Préface de Jean-Luc Aka-Evy, Paris, L'Harmattan, Collection « Ouverture Philosophique », 2013, 255 p.

NGUIMBI (Marcel), *La catégorie de l'espace chez Descartes. Pour une épistémologie non classique de la physique,* Préface du Professeur Charles Zacharie Bowao, Paris, L'Harmattan, 2011, 194 p.

NGUIMBI (Marcel), *Penser l'épistémologie de Karl Popper*, Paris, L'Harmattan, Collection « Ouverture Philosophique », 2012, 190 p.

NGUIMBI (Marcel), (dir.), *Penser l'épistémo-logique. Hommage à Charles Zacharie Bowao*, Paris, L'Harmattan, Collection « Ouverture Philosophique », 2013, 255 p.

NGUIMBI (Marcel), « Le statut épistémologique de la métaphysique dans l'arbre de la connaissance : Descartes et Popper » (pp.17-48), in *Endoxon. Revue africaine de Philosophie des sciences* N° 1 : *Repenser la philosophie des sciences*, IRSH-CENAREST/UOB, Paris, L'Harmattan, 133 p.

NGUIMBI (Marcel), « Le statut épistémologique de la métaphysique dans l'arbre de la connaissance : Descartes et Popper » (pp.11-38), Charles Zacharie Bowao et Marcel Nguimbi (dirs.), *Cahiers épistémo-logiques 1/2013 : Epistémologie et science*, Paris, L'Harmattan, 2014, 213 p.

NGUIMBI (Marcel), *Robert Boyce Brandom. Penser le pragmatisme analytique*, Paris, L'Harmattan, Collection « Ouverture Philosophique », 2015, 164 p.

NGUIMBI (Marcel), « Sémantique et syntaxique logiques. Quand formaliser devient axiomatiser » (pp. 63-93), Mahamadé Savadogo (dir), *Le Cahier Philosophique d'Afrique*, Revue internationale de philosophie, N°. 008, Paris, PUO, 2010, 183 p.

NSONSISSA (Auguste), « Pour une critériologie. Essai sur la théorie de la connaissance d'Edgar Morin », (pp.139-144), in *La Revue, Edgar Morin aux risques d'une pensée libre,* C.N.R.S., Paris, Editions Hermès, N° 60, 2011.

PATY (M.), « Des fondements vers l'avant. Sur la rationalité des mathématiques et des sciences formalisées », in Gerhard Heinzmann, *Aperçus philosophiques en logique et en mathématiques. Philosophia Scientiae*, Vol. 2, Cahier 2, Paris, Editions Kimé, 2005, pp. 109-130.

PATY (M.) « Analogie et intuition dans l'invention mathématique selon Poincaré » (pp. 51-62), in Pierre Edouard Bour, Manuel Rebuschi et Larent Rollet, *Construction Fiestschirft for Gerhard Heinzmann*, Tributes series Editor Dov Gabbay, volumes 14, 2010, 687 p.

PIAGET (Jean), *Epistémologie des mathématiques, Encyclopédie de la Pléiade logique et connaissance scientifique*, Paris, Gallimard, 1965, 1345 p.

PICON (G.), *PANORAMA des idées contemporaines,* Paris, Gallimard, 1957, 793 p.

PLANCK (Max), *L'image du monde dans la physique moderne*, Imprimé en Suisse, Gonthier, 1949, 156 p.

POINCARE (Henri), *Science et méthode*, Paris, Flammarion, 1956, 314 p.

POINCARE (Henri), *La Science et l'Hypothèse*, Préface de Jules Vuillemin, Paris, Flammarion, 1968, 252 p.

POINCARE(Henri), *La valeur de la science*, Paris, Editions Flammarion, 1969, 264 p.

POPPER (Karl), *La Logique de la Découverte Scientifique*, traduit de l'anglais par Nicolle Thyssen-Rutten et Philippe Devaux, Préface de Jacques Monod, Paris, Payot, 1973, 480 p.

POPPER (Karl Raimund), *Conjectures et Réfutations. La croissance du savoir scientifique*, traduction de l'anglais par Michelle-Irène et Marc B. de Launay, Paris, Payot, 1985, 609 p.

POPPER (Karl), *La Connaissance objective. Une approche évolutionniste,* traduction intégrale de l'anglais et préface par Jean-Jacques Rosat, Paris, Flammarion, 1991, 578 p.

POPPER (Karl), *L'avenir est ouvert. Entretien d'Altenberg*, textes du Symposium Popper à Vienne, traduit de l'allemand par Jeanne Etoré, Paris, Flammarion, 1990, 175 p.

POPPER (Karl), *Le réalisme et la science. Post-scriptum à la Logique de la Découverte Scientifique, I*, Edition établie et annotée par W.W. Bartley III, traduction d'Alain Boyer et Daniel Andler, Paris, Hermann, 1990, 427 p.

POPPER (Karl), *Question de méthode en psychologie de la pensée*, traduit de l'allemand par François Felix, Paris, Lausanne Edition l'Age d'Homme, Collection Etre et Devenir, 2011 ; 115 p.

POPPER (Karl), *La quête inachevée*, traduit de l'anglais par Renée Bouveresse, Paris, Editions Calmann-Lévy, 1981, 334 p.

POPPER (Karl), *Les deux problèmes fondamentaux de la théorie de la connaissance*, trad.de Christian Bonnet, Paris, Hermann, 1999.

POPPER (Karl) et CONDRY (J.), *La télévision, un danger pour la démocratie*, traduit par Claudine Orsoni, introduit de Giancarlo Besetti avec un essai de Jean Baudouin, Paris, Anatolia, 1994, 92 p.

PUTNAM (Hilary), *Mind, Language and Reality*, U.S.A., Harvard, Harvard University Press, 1976, 225 p.

PUTNAM (Hilary), *Fait/Valeur : la fin d'un dogme et autres essais*, traduit de l'anglais (U.S.A.) par Marjorie Caveribère et Jean-Pierre Cometti, Paris, Editions de l'Eclat, 2004, 187 p.

PUTNAM (Hilary), *Philosophie de la logique*, traduit de l'anglais (U.S.A.) par Patrick Peccatté, Paris, Editions de l'Eclat, 1997, 71 p.

PUTNAM (Hilary), *Définitions, pourquoi ne peut-on pas ''naturaliser'' la raison*, traduit de l'anglais (U.S.A.), et présenté par C. Bouchindhomme, Paris, Editions de l'Eclat, 1992, 96 p.

PUTNAM (Hilary), *Représentation et réalité*, traduit de l'anglais (Etats Unis) par Claudine Tiercellin, Paris, Gallimard, 1990, 226 p.

PUTNAM (Hilary), "What is Mathematical truth ?" in *Historia Mathematica* 2, Harvard University, 1975, pp. 529-533.

PUTNAM (Hilary), *The Meaning of meaning*, U.S.A., Harvard University Press, novembre 2012.

PUTNAM (Hilary), « Ce que les théories ne sont pas » in Pierre Jacob, *De Vienne à Cambridge : L'héritage du positivisme logique de 1950 jusqu'à nos jours*, Paris, Gallimard, Collection bibliothèque de philosophie, 1980, 434 p.

PUTNAM (Hilary), « Explication et référence » in Pierre Jacob, *De Vienne à Cambridge : L'héritage du positivisme logique de 1950 jusqu'à nos jours*, Paris, Gallimard, Collection bibliothèque de philosophie, 1980, 434 p.

PUTNAM (Hilary), *Dreaming and Depth-Grammar*, U.S.A., Harvard University Press, 1976.

PUTNAM (Hilary), *How not to talk about meaning*, Philosophical Papers, vol. 2, Cambridge University Press, 1975.

QUINE (W.-V), *Relativité de L'ontologie et autres essais*, Présentation, Introduction et traduit de l'anglais (Etats-Unis) par Sandra Laugier, Paris, Aubier, 2008, 187 p.

QUINE (W.-V), *Le mot et la chose*, traduction de l'anglais (Etats-Unis) par les professeurs Joseph Dopp et Paul Gochet, 1977, 399 p.

QUINE (W.-V), « Les deux dogmes de l'empirisme », in Pierre Jacob, *De Vienne à Cambridge : L'héritage du positivisme logique de 1950 jusqu'à nos jours*, Paris,

Gallimard, Collection bibliothèque de philosophie, 1980, 434 p.
RAHMAN (Shahid), « On Frege's Nightmare : A Combination of Intuitionistic, Tree and Paraconsistent logics »', Centre d'Etudes et de Recherche Henri Poincaré, Université Nancy 2, pp. 1-20.
RAHMAN (Shahid), "From Mathematics to philosophy and Back : Poincaré on Conceptual Architecture and the Humanly Playable", Jornadas Ciencia Metafisica, Université de Lille, UMR 8163 : STL, ADA-MESHS-Lille Nord de France, pp. 290-330.
RAHMAN (Shahid) et SALLOUM (Z.), « Quantification, unité et identité dans la philosophie d'Ibn Sīnā » (pp. 51-62), in Dov Gabbay & Shahid Rahman eds.), *La périodisation en Histoire des Sciences et de la Philosophie. La fin d'un mythe.* Cahiers de Logique et d'Epistémologie, Vol.13, introduction de Hassan Tahiri, 2013, 171 p.
REVENC (François) « L'empirisme et la syntaxe du langage » (213-236) in *La philosophie Anglo-saxonne* (Michel Meyer) Paris, P.U.F, 1994, 596 p.
RORTY (Richard) et COMETTI (Jean Pierre), *Science et Solidarité : la vérité sans le pouvoir*, Paris, Vrin, 1990, 111 p.
RUSSELL (William Arthur Bertrand), *Signification et vérité*, traduction de l'anglais par Philippe Devaux, Paris Flammarion, 1969, 378 p.
RUSSELL (William Arthur Bertrand), *La méthode scientifique en philosophie. Notre connaissance du monde extérieur*, traduction de l'anglais par Philippe Devaux, Préface de Marcel Barzin, Paris, Payot, 1986, 250 p.
RUSSELL (William Arthur Bertrand), *Ma conception du monde,* traduction de l'anglais par Louis Evrard, Paris, Gallimard, 1962, 183 p.

SERFATI (Michel), *La révolution symbolique. La reconstitution de l'écriture symbolique mathématique*, Préface de Jacques Bouveresse, Paris, Editions Pétra, 2005, 427 p.

SINACEUR (H.-B.), « Nominaliste ancien, nominaliste moderne. Les entités mathématiques sont-elles des créations de notre esprit ? » (pp. 261-276), in Pierre Edouard Bour, Manuel Rebuschi et Larent Rollet, *Construction Fiestschirft for Gerhard Heinzmann*, Tributes series Editor Dov Gabbay, Volume 14, 2010, 687 p.

SCHLICK (Moritz), « Meaning and signification», *philosophical review*, vol. XLV, section III, 1936.

SCHILCK(Moritz), *Théorie générale de la connaissance*, traduit de l'allemand et présenté par Christian Bonnet, Paris, Gallimard, 2009.

STAHL (A.), *Science et philosophie. Rivales, étrangères, ou complémentaires ? Essai d'une philosophie de la nature, moderne*, Préface d'Anne Fagot-Largeault, Postface de Jean Gayon, 2ème édition, Paris, J. Vrin, 2010, 278 p.

STANLEY (C.), *The claim of raison. Wittgenstein, Skepticism, Morality and tragedy*, Oxford, Oxford University Press, 1979, 177 p.

SUBRAMANIAN (S.), « Belief revision in the context of abductive explanation », University of Texas at Austin, May 12, 1992, pp. 1-29.

TAHIRI (H.), « Kuhn, Lakatos et Duhem sur la Révolution copernicienne : comment l'interprétation de Kuhn a prévalu, le défi de Lakatos a échoué et la confirmation de Duhem est toujours ignorée » (pp. 64-77), in Dov Gabbay et Shahid Rahman, *La Périodisation en Histoire des Sciences et de la philosophie. La fin d'un mythe. Cahiers de Logique et d'Epistémologie*, Vol. 13, introduction d'Hassan Tahiri, 2013. 171p.

TIXIER (Jean) et. JEANJEAN (Thomas), *La méthodologie des programmes de recherche*, Cahier de recherche n°65, Paris IX Dauphine, mai 2000, 23 p.

TYMOCSZKO (T.), *New Directions in the Philosophy of Mathematics and Anthology*, Copyright, Princeton University Press, 1998, 204 p.

WITTGENSTEIN (Ludwig), *Tractatus logico-philosophicus*, Traduction de l'allemand par Pierre Klossowski, Introduction de Bertrand Russell, Paris, Gallimard, 1961, 176 p.

WITTGENSTEIN (Ludwig), *Grammaire philosophique*, traduit de l'allemand et présenté par Marie-Anne Lescourret, Paris, Gallimard, 1980, 630 p.

WITTGENSTEIN (Ludwig), *De la certitude*, traduit de l'allemand par Jacques Fauve, Paris, Gallimard, 1965-1976, 151 p.

WITTGENSTEIN (Ludwig), *Carnets 1914-1916*, traduction, introduction et notes de G. G. Granger, Paris, Gallimard, 1971, 249 p.

WITTGENSTEIN (Ludwig), *Le cahier bleu et le cahier brun*, préface de Claude Imbert, traduit de l'anglais par Marc Goldberg et, Jérôme Sackur, Paris, Gallimard, 1996, 313 p.

WITTGENSTEIN (Ludwig), *Remarques mêlées*, traduction de l'allemand par Jean-Pierre Cometti, Paris, GF.-Flammarion, 2002, 224 p.

WITTGENSTEIN(Ludwig), *Remarques philosophiques* édition posthume due aux soins de Rush, traduit de l'allemand par Jacques Fauve, Paris, Gallimard, 1975 330 p.

WITTGENSTEIN(Ludwig), *Recherches philosophiques* traduit de l'allemand par François Dastur, Maurice Elie Jean-Luc Gautero, Domi-Janicaud, Elisabeth Rigal Avant-propos et apparat critique d'Elisabeth Rigal Paris, Gallimard, 2004, 367 p.

WITTGENSTEIN(Ludwig), *Remarques sur les fondements des mathématiques*, édité par G.E.M. Anscombe, Rush Rhees et G.H. Von Wright, traduit de l'allemand par Marie-Anne Lescourret, Paris, Gallimard, 1983, 351 p.

ZAHAR (Elie G.), « La controverse Lakatos-Popper », Actes du Colloque organisé par Renée Bouveresse sur *Karl Popper et la science d'aujourd'hui*, Paris, Aubier, 1981, pp. 173-197.

ZAHAR (Elie G.), *Essai d'épistémologie réaliste*, avant-propos d'Alain Boyer, ouvrage publié avec le concours du centre national du livre, Paris, J. Vrin, 2000, 188 p.

Table des matières

PHILOSOPHIE
AUX ÉDITIONS L'HARMATTAN

Dernières parutions

LE RENOUVEAU DE L'IDÉALISME
Giovanni Dotoli, Louis Ucciani
(sous la direction de)
Cet ouvrage rassemble des textes qui s'interrogent sur ce que représente l'idéalisme aujourd'hui, en prenant appui sur la pensée d'Emmanuel Levinas et sa réflexion autour du problème de l'être et de l'identité.
(Coll. L'Orizzonte, 200 p., 20 euros)
ISBN : 978-2-343-15734-4, EAN EBOOK : 9782140103018

LE PROBLÈME DE LA COMMUNAUTÉ
Marx, Tönnies, Weber
Daniel Alvaro
Traduit de l'espagnol (Argentine) par Pascale Henry. Préface de Jean-Luc Nancy
Gemeinschaft ou la « communauté », est le fil conducteur de cet ouvrage, le nom d'un problème commun à toute une époque en Occident dont nous commençons à peine à entrevoir les limites, une époque où cette évidence de la vie en commun disparaît. Pourtant ce problème de la communauté demeure le nôtre. Pour analyser cette question, l'ouvrage recourt aux pensées de Marx, Tönnies et Weber.
(Coll. La philosophie en commun, 260 p., 27 euros)
ISBN : 978-2-343-13582-3, EAN EBOOK : 9782140103254

UNE PHILOSOPHIE DE L'ÉCOUTE MUSICALE
Bruno Deschênes
Dans cet ouvrage, Bruno Deschênes met en parallèle la pensée musicale européenne et la pensée esthétique japonaise, une rencontre philosophique par laquelle il propose par transposition comment cette pensée venant d'Asie permettrait aux mélomanes d'approfondir leur appréciation de toute musique quelle qu'elle soit.
(Coll. Ouverture Philosophique, 222 p., 23,5 euros)
ISBN : 978-2-343-15835-8, EAN EBOOK : 9782140101991

BOUDDHISME TIBÉTAIN ET PHILOSOPHIE DE L'EXISTENCE
Michel Dion
Dans le bouddhisme tibétain, tout moi est sans substance qui lui soit intrinsèque. Toute substance qu'il paraît avoir lui vient de liens d'interdépendance avec d'autres réalités qui lui sont extérieures : les autres, la société et la culture ambiantes, la Nature. Tout moi ne dure pas pour toujours, parce que les êtres vivants sont mortels, mais

surtout parce qu'ils sont constamment en changement. Le projet, propre à la philosophie de l'existence, de devenir qui nous sommes, de Kierkegaard jusqu'à Sartre, est-il alors incompatible avec la philosophie du bouddhisme tibétain ?

(784 p., 52 euros)

ISBN : 978-2-343-15741-2, EAN EBOOK : 9782140102813

L'EUGÉNISME SOCIAL

Configurations du pouvoir aux temps de la mort en vie

Daniel Fränkel

Traduit de l'espagnol par Valentine Le Borgne de Boisriou

Cette recherche poursuit les travaux de Foucault, en considérant le dispositif asilaire comme le paradigme privilégié pour analyser des mécanismes par lesquels la société a traité la folie, mais également comme forme de compréhension du fonctionnement de la logique gouvernementale au sein des sociétés occidentales contemporaines. Ici, le concept d'eugénisme social définit une catégorie heuristique pour expliquer la logique interne qui régit le destin biopolitique des sociétés nées de l'expérience moderne.

(Coll. La philosophie en commun, 180 p., 20 euros)

ISBN : 978-2-343-15755-9, EAN EBOOK : 9782140102776

EN CHEMIN AVEC NIETZSCHE

Philippe Granarolo

Voici rassemblés les principaux articles de l'auteur explorant l'oeuvre de Friedrich Nietzsche, auquel il a consacré toute son existence : du plus ancien, Le rêve dans la pensée de Nietzsche (1978) au plus récent, Le Surhomme : mythe nazi ou image libertaire ? (2016). Ces articles constituent les étapes d'une lecture originale et cohérente. Regroupés en cinq chapitres, « L'Imaginaire », « Le Corps », « Le Temps », « Le Futur » et « Le Retour Eternel », ces articles constituent une introduction à l'étude de l'oeuvre nietzschéenne.

(Coll. La philosophie en commun, 254 p., 26 euros)

ISBN : 978-2-343-15570-8, EAN EBOOK : 9782140102189

A LA RECHERCHE D'UNE HUMANITÉ DURABLE

Michel Juffé

Si les maux qui frappent la biosphère s'aggravent, ce n'est pas que l'effet de l'empire de la marchandise et de l'avidité du capitalisme. La volonté de toute-puissance est plus ancienne : elle commence avec les civilisations au IIIe millénaire avant notre ère et leurs dieux inventés pour justifier leurs ambitions. Si nous voulons un humanisme écologique, nous devons combattre les idéologies de « l'exception humaine » et la rage de posséder et de spolier. Si nous voulons protéger notre bien commun, nous devons réformer en profondeur nos croyances, institutions et modes de vie, en commençant par trouver notre véritable place dans la Nature.

(194 p., 20 euros)

ISBN : 978-2-343-15719-1, EAN EBOOK : 9782140102134

ESSAI SUR LA LAÏCITÉ

Condition de possibilité de l'émancipation

Laurent Maronneau

Préface de Franck Fischbach

« La laïcité n'est pas « une pensée de répression » (Marx), mais une « pensée de résistance » (idem), et donc de liberté : elle est une arme qui permet de résister aux dispositifs et aux pratiques qui font de la société soit l'espace d'une exclusion réciproque des individus entre eux, soit le lieu d'une simple coexistence d'individus qui ne font que se tolérer les uns les autres, et qui par là empêchent que la société soit un lieu de coopération entre des individus (...) » (Frank Fischbach)

(254 p., 26 euros)

ISBN : 978-2-343-15879-2, EAN EBOOK : 9782140101700

PENSER L'HUMAIN AUJOURD'HUI

Ce siècle, sera-t-il, enfin, le siècle de l'homme ?

Giscard Kevin Dessinga

Préface de Charles Zacharie Bowao

Comment être pleinement humain à notre époque ? Plusieurs courants de pensée ont annoncé l'auto-libération de l'homme contemporain. Devenir humain devient une espèce de réappropriation de soi, un affranchissement. Pour y arriver, il faut d'abord définir les contours essentiels d'une humanité apaisée et réconciliée. Cet essai comporte trois moments essentiels : d'abord, une synthèse du processus de démolition de la tradition et de la religion par les « maîtres du soupçon » et les propositions d'auto-libération de l'homme par l'homme. Puis une exposition de l'esprit postmoderne comme nouvelle éthique mondiale et enfin une tentative de reconstruction et de reconstitution de l'humain aujourd'hui.

(Coll. Ouverture Philosophique, 112 p., 13 euros)

ISBN : 978-2-343-15308-7, EAN EBOOK : 9782140101267

TEXTES EN GRAINES

Thierry Aymès

Les printemps sont rares dans la vie d'un animal-graine qui garantissent l'essor d'un possible, et une fois semée, une graine doit être arrosée. Elle ne doit pas cependant l'être n'importe comment. Il faut d'abord chercher à la comprendre pour lui donner la quantité d'eau dont elle a besoin, au moment le plus opportun... Un ouvrage singulier qui fait germer autant de graines de pensée.

(144 p., 15 euros)

ISBN : 978-2-343-15639-2, EAN EBOOK : 9782140101236

CE QUE PEUT UN CORPS

Sylvie Lopez-Jacob, Eric Delassus

Modèle d'une société en mal de cohésion, ou modelé par elle et ses normes, le corps construit l'identité, et rend possible l'aliénation. Apprêté, mis en scène, observé ou transformé, il donne son étoffe au héros, ses rouages au pantin, ses prothèses à l'homme en mal de puissance. A moins que, habité en conscience, il ne devienne la source vive où l'homme peut puiser sa joie. En mars 2017, à l'Ecole Nationale Supérieure d'Art de Bourges, s'est tenu un colloque sur le thème « Ce que peut un corps ». Enseignants de philosophie, de sociologie, plasticien, maître d'arts martiaux se sont succédé pour faire état des états du corps.

(Coll. Ouverture Philosophique, 218 p., 22,5 euros)

ISBN : 978-2-343-15680-4, EAN EBOOK : 9782140100697

LE TRAVAIL INSPIRÉ

Courtes méditations sous forme d'un abécédaire

Pierre d'ELBEE

Qui n'a jamais rêvé de donner à son travail davantage d'amplitude et de sens ? Qui n'a jamais cherché à faire résonner une fibre personnelle à travers son activité professionnelle ? Comment faire davantage coïncider travail et projet de vie ? Ces questions sont cruciales, car nous cherchons tous à être acteurs de notre destin. Cet ouvrage identifie et explore des thèmes communs à tous les milieux professionnels, sous forme d'abécédaire : Autorité, Changement, Confiance, Engagement, Leadership, Vendre, Vision, Vocation... Autant de sujets incontournables abordés sous l'angle d'un langage accessible nourri par la philosophie et les sciences humaines.

(Coll. Vivre l'entreprise, 210 p., 21,5 euros)

ISBN : 978-2-343-15366-7, EAN EBOOK : 9782140100802

PETIT PRÉCIS D'ÉBÉNISTENTIALISME

Matthias Pallot

A travers le témoignage de sa reconversion professionnelle et sous la farce d'un faux courant de pensée, « l'ébénistentialisme », l'auteur livre ici une brève réflexion sur le sens et la valeur du métier artisanal. Sous la forme de textes courts mêlant récits, anecdotes et argumentations, il esquisse en creux les contours d'une juste conception de l'activité professionnelle, attentive aux idéaux d'émancipation et d'épanouissement des individus.

(116 p., 13,5 euros)

ISBN : 978-2-343-15523-4, EAN EBOOK : 9782140099861

DELEUZE

La pensée sans image

Bernard Benit

Ecrire en philosophie consiste à rechercher « le problème d'une oeuvre », affirme Deleuze. A sa suite, l'auteur cherche à construire le problème de l'oeuvre du « premier » Deleuze : que signifie penser et s'orienter dans la pensée ? Ce volume présente la théorie deleuzienne de la pensée sans image, surgissant d'une nouvelle image de la pensée. Celle-ci permet un vrai commencement en philosophie, contre la représentation. C'est une pensée immanente, à même le sensible, pure et sauvage, sans orientation préalable, mais surtout pas une pensée spontanée et naturelle. Explorant les simulacres, Deleuze bouleverse la philosophie transcendantale héritée de Kant, la transforme en « empirisme transcendantal », critique et créateur.

(Coll. Ouverture Philosophique, 300 p., 31 euros)

ISBN : 978-2-343-15282-0, EAN EBOOK : 9782140099823

Structures éditoriales du groupe L'Harmattan

L'Harmattan Italie
Via degli Artisti, 15
10124 Torino
harmattan.italia@gmail.com

L'Harmattan Hongrie
Kossuth l. u. 14-16.
1053 Budapest
harmattan@harmattan.hu

L'Harmattan Sénégal
10 VDN en face Mermoz
BP 45034 Dakar-Fann
senharmattan@gmail.com

L'Harmattan Cameroun
TSINGA/FECAFOOT
BP 11486 Yaoundé
inkoukam@gmail.com

L'Harmattan Burkina Faso
Achille Somé – tengnule@hotmail.fr

L'Harmattan Guinée
Almamya, rue KA 028 OKB Agency
BP 3470 Conakry
harmattanguinee@yahoo.fr

L'Harmattan RDC
185, avenue Nyangwe
Commune de Lingwala – Kinshasa
matangilamusadila@yahoo.fr

L'Harmattan Congo
67, boulevard Denis-Sassou-N'Guesso
BP 2874 Brazzaville
harmattan.congo@yahoo.fr

L'Harmattan Mali
Sirakoro-Meguetana V31
Bamako
syllaka@yahoo.fr

L'Harmattan Togo
Djidjole – Lomé
Maison Amela
face EPP BATOME
ddamela@aol.com

L'Harmattan Côte d'Ivoire
Résidence Karl – Cité des Arts
Abidjan-Cocody
03 BP 1588 Abidjan
espace_harmattan.ci@hotmail.fr

L'Harmattan Algérie
22, rue Moulay-Mohamed
31000 Oran
info2@harmattan-algerie.com

L'Harmattan Maroc
5, rue Ferrane-Kouicha, Talaâ-Elkbira
Chrableyine, Fès-Médine
30000 Fès
harmattan.maroc@gmail.com

Nos librairies en France

Librairie internationale
16, rue des Écoles – 75005 Paris
librairie.internationale@harmattan.fr
01 40 46 79 11
www.librairieharmattan.com

Lib. sciences humaines & histoire
21, rue des Écoles – 75005 Paris
librairie.sh@harmattan.fr
01 46 34 13 71
www.librairieharmattansh.com

Librairie l'Espace Harmattan
21 bis, rue des Écoles – 75005 Paris
librairie.espace@harmattan.fr
01 43 29 49 42

Lib. Méditerranée & Moyen-Orient
7, rue des Carmes – 75005 Paris
librairie.mediterranee@harmattan.fr
01 43 29 71 15

Librairie Le Lucernaire
53, rue Notre-Dame-des-Champs – 75006 Paris
librairie@lucernaire.fr
01 42 22 67 13

www.ingramcontent.com/pod-product-compliance
Lightning Source LLC
LaVergne TN
LVHW011033061026
849535LV00006B/2071
9782343155210